后浪出版公司

百笔血泪经验告诉你的装修早知道

# 这样装修不后悔

（插图修订版） 姥姥 著

北京联合出版公司
Beijing United Publishing Co.,Ltd.

# 网友齐"赞"的装修人天堂

想浏览些居家布置的信息，无意间晃到了姥姥的网站。
除了非常有见地的装修专业建议，**姥姥对社会现况的态度更让我无比认同，**请一直努力哦！
我会一直关注的 。

—eden

装修！装修！多少罪恶假汝之名而行……
本身因为工作时间较弹性，替亲戚朋友监工了几间房子，也和不少设计师、施工队师傅交手过。没有两下子不要自己找施工队，因为要协调整合各工种，要和形形色色的工人用各种术语沟通，真的真的不是件简单的事，还好有姥姥的文章，在坊间只谈风格的杂志里大大地补充了很大的一块——**装修的根本！！**

—BEN

经朋友推荐特来拜读，很开心能有机会遇上这样优质的博客。
真的很感谢您提供的信息，谢谢！

—zutto

天呐！！！ 看了姥姥的文章，才发现我家的天花板吊顶被黑了。我们搬进来住有四年了， 从第二年开始，原以为是油漆剥落，缝隙很明显是一格一格的，第三年结水珠，以为太湿，原来是板材被黑心了，若能早点看到姥姥的文章就好了。

—Lu

**好实用又实际的一篇文章**
应该说姥姥的每一篇文章都很实用，切中要害。

—ariel

看了姥姥的文章，觉得真是超热血的。
对于我们这些只能看着杂志上美美的图片暗自伤神的人，你的博客，又重新燃起我们的一线希望之光。
**原来，我们还是可以有机会，拥有一个优质的安身之家……**
只要，我们肯花一点时间，
多学一点……

—Eileen

本人已有两次装修房屋的经验，过程都是不爽收场，第一次遇到了像流氓一样的师傅，第二次又碰到天下第一烂人，所以，我非常同意您的说法，可怕的装修市场，处处是地雷，**偶然间发现了"我很后悔"单元，非常实用。**

—Cath

**好开心，在这里为泄气的心找到可以重新振作的士气，**找设计师全包半年以上了，挫折与无奈颇多，谢谢你有心做这样的分享，让有需要的人有增加基本概念的渠道，当然也谢谢各个角落里，默默坚守岗位的一份子，让有心又有需要的人，仍然有机会碰上好师傅们。

—Cherry

我正在找资料翻修老房子，
你的文章帮了好大一个忙。
非常感谢哦！
**这里真是需要装修的人的天堂！**

—Eileen

很喜欢你的博客，最近在装修新家，从你这里学到很多！
新家决定要采用美式乡村风，让小朋友回家有温馨的感觉。
**你这个博客，好似一盏明灯。**
让我的家，能温馨成形。

—菲菲

对于一辈子可能只会碰到一次的事情，真的需要前人留下来的足迹，**我没有多出来的40万，但找到了姥姥的热情和正义**，才有现在一步步建筑理想国的小乐趣。
真的很谢谢你！

—Anchor

因为想买房子，所以努力看了一些相关的装修书和网页，**看到姥姥写的"找出核心区"**，真的很赞！让我对家又有了新的认识。

—meggie

能看到这个网站真是幸运，帮了我很大的忙，只是上来说谢谢，姥姥加油！

—STAR

谢谢您无私的分享，对我这种完全外行但却打算稍事整修家里卫浴水电的彷徨主妇而言，就好像看见一盏明灯。

—Lucy

文中提及的和室、吊顶、造型灯源等问题，在我的周遭都有血淋淋的实例，所以目前规划新家也尽量避开这些。

—小欧

我是设计师，之前在纽约工作，去年才搬回台北。
一般消费者受到媒体的茶毒之深，实在难以形容。大多数人似乎把家和旅馆、餐馆、样板房……通通混在一起了。似乎一个家有个像旅馆房间的卧室，有个像餐馆的餐厅，有个像水疗室一样的卫浴等，就是好设计。和设计师讨论时，总是谈风格。豪宅这个字眼，动不动就挂在嘴边。说真的，不仅不习惯，甚至有厌恶之感。
**"采光通风比风格重要"**，你算是点到重点了。一个无法让人舒适的空间，视觉上再怎么美，都是失败的。可悲的是，大多数的设计师都没有这样的观念。

—CHL

I enjoy reading your blog, so humane and interesting.

—Della Chuang

# 我们只是想要一个家
## 写给大陆读者的话

姥姥我在台湾出了一本家装工法书,对,就是各位手上拿着的这本,写家装时会出什么状况与剖析正确工法。承蒙北京后浪出版公司看得起,愿意出简体字版。我在授权的那刻,只提出一个要求:内容要本土化,我要重写。

"什么?你要重写?您老人家是住台北,不是北京,也不住上海、广州耶?"出版界的朋友们纷纷劝我停笔,太耗精力,从性价比来看,经济效益太低;以心理面来看,会有多少大陆读者相信一位住在台北天山灵鹫宫的姥姥可以本土化?

但身为老人家就有个好处:顽固。我知两岸的家装工法不同,若不改写,读者无法从文字中获得充分的帮助,我心就难安,总觉得对不起谁谁谁。

还好,这本书最终不仅是繁转简而已,建材用语本土化,工法也本土化,甚至部分后悔案例都本土化了。

但我真的是住在台北的天山上,这一切都是靠内地人的热情接应。几个月前,我在个人博客上发出武林帖,要改写书,敬邀内地高手帮忙。没想到竟有十来位设计师与网友出手:帮我拍照片,跟我分享工法,也跟我诉说他们家悲惨的故事。

我跟大家说,这个世上虽有岳不群、成昆、朱长龄,但好人郭靖、小昭、虚竹也不少,他们无私地分享经验,只希望大家引为借鉴,真得要为他们拍拍手。

姥姥我自己则在几个家装论坛上没日没夜地练功,像篱×、搜×、天×、土拨×

等,真好,人人都喜欢晒房晒幸福,图文帖子详尽解说,让姥姥对大陆家装总算有点认识。不过在看了大江南北的帖子后,我发现托尔斯泰说得是对的:

**幸福的家庭都一样,不幸的家庭各有各的不幸。**

有位上海网友说过:装修公司的包工头毫无责任心,所有叫他买的东西,有挣头的就很起劲推荐不管质量的,没有挣头的就随便买敷衍一下。后来出现很多问题。

是的,遇到不良师傅,家装的过程就变成一场噩梦。

这本书一开始就是写我自己老家装修的悲惨经验。姥姥相信跟我一样的人应该不少,夫妻都要工作,要养小孩养爸妈,还要存钱买房子,另外还要支付每个月衣服钱、化妆费、咖啡钱与喝小酒的钱(还是要顾到情调,才能好好活下去啊);好不容易省吃俭用存了十几年的钱,打算买房子时才发现:什么?这钱买不到3居室,啊,还买不到新房子?终于在地点与存折之间找到平衡,要装修房子时,口袋却摸不到银两。

我们请不起A级设计师,也请不起B级设计师,最后只能找施工队(也有的是自认请到A级设计师,结果也是施工队的等级)。但找了施工队后,还得战战兢兢担心质量不良。

我们只是想要换回一个家,为什么道路如此坎坷?

今天我们不是要求多好的工法、多顶级的

建材，我们只是要普通、安全的基本等级，这很难做到吗？但我也知道不能只怪施工队，他们中很多人也是为了生存，为了养活家中4个小孩，即使房主乱砍价，也只好硬着头皮接手，然后从材料上偷工。房主不懂自己手上的预算能做多少，却一直要求这要求那，就造成**两个最没钱的群体彼此厮杀，真的很可悲。**

我不相信装修市场可以一直黑下去。我不是说所有的设计师或施工队都是黑的烂的，其实九成都是好的，但没钱的我们就是容易遇到那一小撮黑的烂的。

靠人不如靠己，我们来自力救济吧，许多问题只是信息不足造成的结果。于是我拿起笔，向天地借胆，我们不懂装修，不懂建材，不懂工法都没关系，只要你看得懂中文就好。

我写下自己与各热心网友的后悔经验，让大家看看什么叫世界奇观，粗心的师傅会搞出什么你想都想不到的做法，希望大家当心提防；另外再加上好心的专家解读，告诉大家各项工法应该怎么做比较好，我也跑了好多个工地拍回一些照片，希望大家能通过"现场直播"更加了解工法。

我不敢说这样做以后会完全终结装修悲剧，但至少我们可以降低它的发生率。

再讲件事，我不是专家，跟我对谈的人才是专家。我已尽力介绍大陆现况，但毕竟没有那么透彻，若有不足处，很希望大家能一起讨论，欢迎到我的网站来坐坐，我会泡好茶招待大家。

此系列文章能完成，真的要谢谢一群无私的人，感谢名单附于文后，若不是他们，你现在不会看到保护自己家的方法。我还要特别谢谢建设部，许多工法都有法规规范。我在练功时发现，大陆家装资讯不是太少，而是太泛滥，对的与不对的都一堆，让人不知该相信谁。

在黑暗中给我一道光的，就是法规。"民用建筑电气设计规范"、"住宅装饰装修工程施工规范"等都有详尽的解说，但我看得忧喜参半，喜的是我找到内地最权威的家装达人，忧的是，看来大陆坊间跟着做的还真的不多。

也要谢谢后浪编辑部同仁的热心协助，万宝路小招姑娘帮我润稿，大家才不会看得卡卡的。排版小哥小闫在我一改再改版型时，没有翻脸。谢谢吴总愿意等我改写而延后出版时间。最感谢的则是此书的责编烧女好同学，有着"使命必达"的个性，下班了还在跑市集厂家拍照片，只为让正在读此文的你看到最接地气的报道。

也谢谢台方原点出版社牵线，让此书能上架。更谢谢我的家人，虽然一直抱怨我为了写书而抛夫弃子，但还是温暖地包容着我。

谢谢所有在这段日子里陪着我的人。

■ 谢谢以下组织和个人提供咨询 ■

大陆 ▶ 网友：浙江 Jeff、上海强哥、上海 Yawen、东莞阿肥、北京 Milk、广州陈 Sir、上海金库桑、深圳老蔡、北京好同学；
设计师：昌宏嘉麟、AYDesign 的 April & Lucy、广州晴宇；厂家：法商施耐德电气、广东联塑科技。
台湾 ▶ 电工叙荣工作室、木工廖师傅、泥工李师傅、左木设计、今硯设计、亚凡设计、集集设计、尤哒唯建筑师、谢天仁律师。

第 1 章

# 装修前

## PartA 施工队好，还是设计师好？

## PartB 装修流程大解析　

第 2 章

# 不后悔装修书

## PartA 拆除工程　

## PartB 水电工程　

## PartC 空调工程　

## PartD 瓦工工程

第 3 章

# 装修保命符——抓预算+拟合同

## PartA 预算分配与拟定估价单

## PartB 帮你保命的装修设计合同 **254**

# 关于居家，我想说的是……

姥姥不是设计师，也不是什么空间设计专家，似乎没资格对空间说些什么。只是因为自己的家之前动线①很糟糕，又没什么钱改造，所以，只好多看看别人家是怎么弄的。

从买家居杂志开始（我手边就有好几本《百大设计师》），后来因工作的关系，开始登门入室去看；再后来，每周都要去找房子看不同的设计；再再后来每周要看3~5间房子；再再再后来，不仅国内的要看，连国外的家居杂志、书籍、设计网站也要参考。

绕了一圈后，姥姥头发都白了，才发现前几年的路都白走了，前几年买的《百大设计师》都白买了。从现在的角度来看，其实看了一千多间的空间设计，跟看十间是差不多的；看了十几本《百大设计师》，跟看1本也是差不多的。

因为家居设计个案大多数都长得很像，都是以硬件式装修为主要设计思路，之所以会造成这样的结果，不是因为我们缺少好的设计师，而是因为我们缺乏多元的家居观念。就像家长仍认为成绩好才能出人头地，教育政策怎么改，都无法减少孩子的读书压力。

我们对居家空间的想象，多半是媒体教育出来的。因为你无法天天去别人家逛，只好看报纸翻杂志看电视。但无奈的是，家居媒体逾九成是从同样的角度出发，全体催眠着装修的概念，只是分高档次或低档次而已。

更惨烈的是，设计师良莠不齐。一大部分的设计师只会用或习惯用工程来解决问题，造成硬件装修费用往往高于软件的布置，尤其是木工工程，你去问问亲朋好友的装修，木工费用是不是都超过五成，甚至高达八成？有的则是房主觉得不做木工，"看起来不像装修过"，也是让人昏倒。

对于居家，**我最想说的是，其实家美不美丽，并不是最重要的。**

我知道大家看那么多的家居装修书籍，就是希望能有个美美的家，但真正好住的家，绝对不只是表面的美丽而已。

以下，是我个人觉得也很重要的思路，请在装修前思考这些问题。先声明，我并不是想"推翻"传统的家居想法，传统想法还是有很好的部分。只是有些观念要先知道了，才有机会实现家的另一种面貌，另一种可能。

## 格局不是只有三室两厅而已

家，原本就应是符合房主的需求而延伸出客厅、餐厅、卧室等功能，但在先入为主的房屋格局洗脑下，大多数人想都不想，就开始

---

❶：动线是建筑与室内设计的用语之一。意指人在室内室外移动的点，接起来就成为动线。如何让进到空间的人在移动时感到舒服方便是动线设计的考量重点。

在平面图画上客厅、餐厅、书房等，也不管房子有多大，结果每个房间都小小的。

其实，所有的空间功能都是可以舍去的，可以没有客厅，没有餐厅，没有厨房，没有卧室，没有书房，没有和室，不是看样品屋有的空间，自己家里也要有。

当你不执著于传统格局的配置，家才有机会符合自己的需求。像我家就没有客厅，我把原本的客厅改成餐厅兼书房，从此，生活习惯也跟着改变，有兴趣者，可以去看我个人网站上《我家没客厅》一文。

## 找出核心区

所谓核心区是指一家人花最长时间待的空间，再依此来定家里的主格局。如：看电

我家原本是客厅的地方，变成一张大餐桌当主角。不要执著于传统格局的配置，你家才有机会符合自己的需求。

我有个博客"一桌四椅的生活",欢迎大家来坐坐,我会泡好茶招待大家。

视花最多时间,核心区就是客厅;吃饭吃得很久,核心区就是餐厅;最喜欢玩床上运动,咳咳,当然就是卧室了。

核心区的设计越动人,家人就越愿意在这里待着,可以引诱宅男或宅童迈出房门,不要窝在房间里。家人彼此互动多一点,一整天在外头的好事或鸟事就有人听了,自己的心情可以稳定,家人的感情也会更好。

## 分配格局大与小

采光最好的地方与最大的空间留给核心区;日光会让人精神向上,培养乐观的心境(但此自然光是温柔的,不是西晒那种的)。在自然光充足的空间里,人会觉得很舒适。

家里若是小户型,不到80平方米,要放大核心区的空间,就得缩减别的空间或机能。如客厅要放大,主卧室就可能变小;不要想什么格局都有,但可利用多功能空间或是开放式设计,如客厅兼书房、结合客厅餐厅

等,都可以再放大空间。

## 通风采光比风格重要

通风采光不好,花再多钱装修的房子一样住得不舒适。什么叫通风好?一般人常会误以为有开窗就叫通风,不是的,而是要有两面墙以上开窗,要有出风口与进风口,空气能流动,才叫通风。

相信我,屋子只要有好的采光与通风,就算室内什么装修都没有,或家具就在社区很普通的家具行买的,你还是会住得很舒服。家里有阳光就很漂亮,有风徐徐地吹,你就会觉得这世上真的没什么大不了的;若再加盏灯与一张椅子,连寂寞都可以被抚平。

## 其实,这些都可不必做

很多工程都不是"必需品",例如不一定要做吊顶:国外许多家里是没有吊顶的,吊灯的灯线全走明线,也很好看;不一定要做间接照明,不一定要做主灯,我们

在家里找个居心地，来观看自己的心。人生有许多事，还是得靠自己跟自己协商。图为我家阳台，我个人的居心地。

可以靠立灯或桌灯、壁灯，来满足照明需求；也不一定要做木柜，柜子有许多种形式，打开宜家的目录，你就可以找到更省钱又好看的设计。

## 设计不要太满，做七分就好

全室交给设计师设计，通常会设计味太浓，不管是有品位的或没品位的，都会太像样板房，最好只做七分，剩下的要自己布置，才会有个人风味。

## 先把《百大设计师》放一边

姥姥以前都建议先从《百大设计师》或买本家居杂志来入门，现在完全不建议这么做，因为：一、现在家居杂志或网站内容几乎都是用买的，有钱就有版面，而无关设计能力；还有，部分设计师还搞不懂居家的意义，却很会打广告。二、对新手而言，短时间内看太多的设计案例，看不出门道就算了，还常常愈看愈混乱，到最后，完全不知道自己喜欢什么。

## 为自己安个"居心地"

这是在家里找个地方，小地方即可，来观看自心。我觉得买个一百多平方米的房子，为的就是这几平方米不到的小地方。它会给心一个力量，即使我们反叛了整个世界，或者倒过来，是世界遗弃了我们，那又怎样？我们仍能好好地活着。

"居心地"可以是张椅子，可以是沙发一角、面窗的窗台或1平方米大的地板。最好是个可以独处的地方，在这里打坐看书喝茶都行，也可以什么都不做就发呆。但姥姥觉得打坐，数着自己的呼吸，让心静下来的感觉，真的很美好。非常建议大家在家里留个这样的小地方。

OK，以上都想好八成后，就可以找设计师或施工队了，预祝各位都能打造出最贴近自己心中原型的家。

# 第1章

## 装修前

# 01 选设计师还是施工队，就像要嫁给葛优还是金城武？

我有个博客叫"一桌四椅的生活"，常有网友在上面留言问如何找施工队或设计师。姥姥了解，要在情人间二选一，的确是十分困难的事。

我常说设计师像金城武，长得好看，但工法跟金城武的演技一样，演得好不好要看跟着哪个导演，在王家卫的镜头下演得很好，其他就不予置评；设计师也一样，工法好不好，要看配合的施工队，以及很重要的，管不管得住施工队。

好的施工队像葛优，演技比金城武好，但长相就差了一点。不过工法ok的，不代表他懂风格，整体空间配置你要靠自己，但基础工程可以交给他。

我常想，若找设计师与施工队，就像找医生跟药店的话，不知多好。医生与药店当然也有黑心的，但大多数有一定水平。我们若要治感冒，很少在找医生或药店时会心怀不安，担心医生会骗我们。若我们的家也只是想小小改个格局，弄得舒服点，不必太大的工程，我们可以安心地找自家附近的施工队或设计师吗？

很可惜，我现在没法给个肯定的答案，但我想改变已经开始，不是指姥姥我，而是你们：每位正在看此篇文章的房主、设计师与施工队，我们大家可以来推动一些做法，那上述的"希望"就很可能会实现。

回到主题，我们来谈该找施工队还是设计师。

## 找施工队？要看你有多认识自己

许多人找设计师或施工队，是以有钱没钱来决定。不对，姥姥建议千万别以为没钱就要找施工队，这是错误的。装修这件事虽然一定要"有钱"，但很有钱有很有钱的做法，没什么钱有没什么钱的做法。

要以什么来判断呢？嗯，答案是看你有多认识自己，还有你有多闲。来看一下找施工队的人要什么条件。

在社会上打滚的人，
最大的幸福是有个属于自己的落脚处。
——日本表屋旅馆主人佐藤年

图片提供 _ 集集设计

每个家都有要素，不是指格局，而是生活的重心，若是太注重装修，就会忽略这一点。——日本作家桥本麻里

图片提供 _ 集集设计

### [条件1]　你对工法的认识够不够格来监工

找施工队的人通常是房主自己监工，但不懂工法又要监工，通常会造成一场悲剧。你去看篱笆网的装修论坛里有多少是为了省钱而自找施工队的悲惨故事。虽然许多人也有做功课，但说实在话，装修知识"犹如滔滔江水绵延不绝，又如黄河泛滥，一发不可收拾"，绝不是查个三五天就能无师自通的。装修师傅一看就知道你是"空架子"，不想偷工减料都觉得对不起他自己。

还好，姥姥可以帮大家恶补一下，你若看完这本书并且看得懂，恭喜你，你有慧根，至少已知监工要看什么地方，但若仍看不懂，那建议你还是找设计师。

### [条件2]　你有没有时间监工

若你是朝九晚五工作、不进办公室就没钱领的上班族，也建议去找设计师；因为施工队都是朝八晚六在工作，你没在场，就跟没人监工一样，黑心的龙骨吊顶也都已封好了，也涂上油漆了，难不成你还拆下来再看一次？

### [条件3]　你的个性够不够果断

若你会在股市中追高杀低，到了止损点仍无法出手砍股票；你在菜市场会为买3把5元还是3元的空心菜而思考个30分钟；你每天会为穿哪件衣服问到老公发疯；以上的人都不适合找施工队，因为你家可能会做了拆，拆了做，做了又拆，一个插座位置换过5次还在犹豫不定，别折磨自己与施工队了，找设计师吧！

## 找监工，是另一种选择

若你真的没钱找设计师，只能找施工队，但又无法做到上面三点，那找"监工"也行。监工就是帮你负责看管工法的人，通常收费是工程费的5%~10%。设计师也可以是监工，你不用付设计费，但要付监工费；另一种监工是施工队长，统包工程的人，施工队长通常不会独立收监工费，他的费用是含在工程费中的。但你要签约时，请务必把这本书拿给他看，跟他讲，若发生里头写的"后悔案例"，照10倍费用赔偿或要无偿修复到好。

**通常人是这样的，会欺生，但不敢欺负懂的人。**九成的施工队都不会骗人，最多是不懂工法而做错，没人会故意做错，但让施工队长知道你懂一些，还会求偿，对方就会尊敬你多一点，而不敢乱来；再请施工队长把每个建材拍照给你看，你也可以在下班后不定期突击检查一下，就能降低偷工减料的概率。

## 你该弄懂的三种设计师

好，若你决定找设计师，则要注意你找到了什么样的设计师。我们不要把设计师分成A级、B级和C级，但他们的功力真的有差别。若花了40万还找到C级，就好像花了大把钞票买LV却买到仿的A货，你会很郁闷吧！

设计师分几种，一是整体风格与工法都很好的。真的，人间极品，看他们的设计是最大的视觉享受，但设计费一平米就要四五百元，你预算太低他们还不接；二是设计好看，但工法不行，设计图也不会画，这种设计师要看有没有搭配能力强的监工，若有也ok，若没有，你就得自己找好监工；三是工法扎实，但风格设计还好，这种设计师就可以请他当监工，设计的部分你可以自己来；最后一种就是工法不行，设计也只会抄袭。别以为这种设计师很少，其实还挺多的，不然怎么会有一堆装修纠纷，更可怕的是，有的也会上电视节目或被家居杂志封为达人。

那怎么看设计师是哪一种？嗯，风格好不好看是很主观的，只要你喜欢的就是好；那怎么知道设计师懂不懂工法？很简单，把这本书当考题，你问对方几个问题，看他怎么答，就知道他的底了。

不过，不管找施工队或设计师，姥姥奉劝一句，**找不太熟的人比较好**，因为若是朋友，或谁谁谁的谁谁谁，很多话你会不好意思说，最后只会闹得不欢而散。

若你有时间，也了解姥姥写的工法，个性也够果断，那就找施工队吧！我要提醒的是，你可能会省下几万元，但会花掉你许多时间与精力；若觉得值得，就去找施工队，毕竟嫁给葛优，也不一定会比嫁金城武差啊！

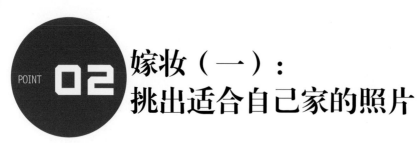

POINT **02** 嫁妆（一）：
挑出适合自己家的照片

"我家就全权交给你了。" 若这句话是出自你的口，这代表的不是你对设计师的信任，而是你是只羊，不是村上春树笔下那头聪明到可以控制人的外星羊，而是长得白白的、智商停留在小学毕业的肥羊。

不要怪姥姥讲话太重，真的，别人就是这样看你的。装修毕竟不是买衣服，买错就算了，十几万到几十万在三个月内就会消失不见，要赚回来不容易；再来，家一住就是十年二十年，我们只要辛苦个半年，就能换来一辈子的幸福，这笔交易是非常划算的。

我们来看看当你找好施工队或设计师后，哪些是房主要做决定的事。我还是以葛优代表施工队，所以这些事也就是要准备好嫁他的嫁妆。

首先，决定家的长相，要搜集喜欢的居家照片。

## 我们喜欢的，不代表别人懂

关于风格一事，我在网站上曾有多篇讨论，虽然结论是所谓的风格不管是叫现代、乡村、工业或复古，都没有既定的样子。但我们是真的有个人喜好的，有人喜欢满屋都是花花草草，有人喜欢干干净净，也有人就是喜欢破破烂烂。

重点来了：我们喜欢的，不代表别人就懂。

姥姥我常造访别人家，有好几次都是风格说的与现场差很多。有位房主高兴地说他们是上海风，结果，家里只有沙发是租界风格，其他都很现代，地板还是铺抛光砖；另一次，有位朋友说想找设计师，他说要找现代风格的，结果我拿照片给他选，最后选的都是美式乡村风。

所以，要把喜欢的居家照片拿给设计师看，对方才会明白你要的是什么。

所谓建筑的光，是具有颜色、温度、质感与深度，
并左右着当中所含人类精神的一种存在。
——日本建筑师安藤忠雄

图片提供 _ 尤哒唯建筑师事务所

要找施工队，照片也很重要，这主要是让对方知道你要的柜子造型或地板样式，以免口头说不准，做出来的与你想的差太多。若没有照片也可以用画的，一定要有图样，谢天仁律师表示，日后若有纠纷，图样将成为官司会不会赢的关键。

但千万别"任意"请施工队帮你设计空间，除非你看过他设计的家，并且觉得还不错；不然，九成以上的施工队美学眼光较不足，他只会大杂烩（这也是许多房主常犯的错），只要你喜欢的就全做在你家，完全不管搭不搭的问题。

当然，要省钱，许多事就得靠自己，就算我们美学素养也不够，但还好有许多家居案例可参考。我想许多人看到这一定会摇头，"不是这样的，我选了一堆照片，但根本就不可能复制成功，结果反而更加杂乱。" 有这种经验的人不少，但失败的原因大多是：不懂得挑照片。

## 挑照片4大原则

要记得，照片挑了后就要尽量百分百复制，包括地板到墙壁的颜色，同样风格的家具配置等，因为别人配好的就是比较美，你才会喜欢，有时多一面红墙就会破坏掉原风格。当然，姥姥是针对像我这种没有美感天分的人说的。我的方法是让你比较不会失败，而且可以换回一个还算有质感的家。若是很有天分的人，欢迎自行发挥创意。

因此，选照片时，有几项要注意：

### 1.为了可实现，格局要挑与家里差不多的

家里风格不必各厅室要完全一样，客厅、餐厅、卧室、儿童房或卫生间可以各有各的长相，但前提是这几个空间是完全独立的，都有墙相隔，这样风格之间就不会混乱。这种找照片的方式最自由，风格任取任用。

若你家的客餐厅是开放式空间，如客厅与书房是开放式或餐厅与厨房是开放式，那照片就得找同样开放式的。千万不要拿着A设计师的客厅设计，加B设计师的餐厅设计，一加一不是都会大于一的。

### 2.为了省钱，挑木工少的

为什么设计师经手的空间都会较贵，其中一个原因是木工工程多，常会高达七到八成。我们没钱的人要省钱，木工当然要少做点。不过，也不是说省下木工后，空间就要丑丑的。这也是常见的迷思，设计就像拿药一样，不是药贵就有效，而是能治好病的，就是好药。

家好不好看，大面积的墙面、地面会有决定性的影响，若你家不换地板，挑照片时，要选地板颜色与你家相近的。图片提供 _ 尤哒唯建筑师事务所

### 3.为了好看，挑地板颜色跟你家一样的

家好不好看，大面积的墙面、地面会有决定性的影响，因此若你家不换地板，那挑照片时，要选地板颜色与你家相近的，再根据照片来改造你家。要注意的是，客厅照片常会出现地毯，若地毯的面积很大，但你又不想买地毯，这种照片就不适合参考。

### 4.为了预算，挑装修与家具费用在你能力范围内的

杂志或报纸上的个案，少数会写出装修费用，不要去挑那种100万或500万的装修，若你只有20万元，最多就挑到40多万的案例（因为你是直接找施工队的，可以省下一些费用）。

还有，没有钱买名品家具，就尽量不要找家里放满伊姆斯夫妇（Charles and Ray Eames）或汉斯·韦格纳（Hans J. Wenger）等知名设计品牌家具的空间照片，因为许多简单的空间之所以好看，就是因为这些名品家具散发出来的魅力，当你换成一批国产的廉价家具后，整个感觉就会走样，看了只是心伤而已。

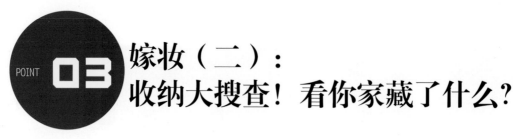

# 03 嫁妆（二）：
# 收纳大搜查！看你家藏了什么？

在Google的搜索栏中，打入"收纳"两字，会出现多少条资料呢？答案是60多万。嗯，打"存钱"就只有40多万条；可见收纳有多重要，你看，连存钱都比不上。

当然，在60多万条的收纳文中，已把从古到今从电视到料理罐从毛料风衣到丝质内衣，所有收纳方法该写的都写了，所以姥姥这篇不是教收纳的，但因收纳如此纠缠人心，所以提醒大家，装修前的良好规划是必要的。

### 记录家当，顺便清理自己的人生
找好设计师或施工队后，拿张A4纸，记录一下你家的家当有多少。千万别偷懒，因为姥姥我自己当年就是偷懒，所以，我家收纳没有设计得很好，正确说法是根本不算有收纳设计，这也是我个人颇后悔的事。

记录家当是很繁琐的过程，但你也可以顺便回味过去，把初恋情人的信再拿来感动一下（若老公非初恋者，记得把信藏好），看看第一次应征工作的履历，笑笑自己当时有多菜。

你也可以顺便清理自己，把一年没穿过的衣服送人，若下不了手，就放宽到两年，两年没穿过的衣服，就丢了吧；衣服不穿就是垃圾，不是把它放在衣柜里压久了就会变成黄金的。还有清理储藏室时，"惊喜"发现的老袋子、股东会纪念品、生日礼物等，全都丢了吧！凡有惊喜的，就代表你早已忘了它的存在，既然都忘了，就分手吧！

记录家当可以用厅室的格局来细想物件的数量，如玄关、客厅、餐厅、卧室、厨房、卫生间、储藏室等，这样较不易漏掉。有人会觉得衣服要一件件算有点麻烦，可以用现在的衣柜大小当标准，如几个2米宽2.4米高的衣柜。

记录时，不是只单纯记有什么东西，而是要把这件东西的三围尺寸都记下来。有位网友最吐血的事，就是他家的电器柜做好后，微波炉却放不进去。别笑，真的发生过这种事。

图片提供 _ 尤哒唯建筑师事务所

收纳设计不仅实用，也能成为品味的表现方式。图片提供_尤哒唯建筑师事务所

### 记下自己与家的互动关系

还有，再记录一下你与这些东西的"互动关系"。例如，一进门的时候，你是习惯把口袋中的钥匙或零钱等物件拿出来，还是习惯把包包就地放下，还是拿到房间里放？在客厅看完报纸，你是习惯放在茶几下，还是放在沙发旁，还是愿意走到厨房的回收区去放？这些生活习惯都要记下来，因为这牵涉到日后你家的收纳设计是否实用。

许多人装修完后会抱怨有做收纳设计跟没做一样，就是因为没有跟自己的生活习惯结合，毕竟"江山易改，本性难移"，要我们改变自己去迁就收纳，根本就不是件容易的事。

**最好的做法是让收纳设计迁就我们**。例如你就是爱把包包放在玄关，那鞋柜就应该设计放包包的位置，在装修设计时是没有什么"不可以的"，别以为鞋柜就只能放鞋子，它也能放包包，如果你习惯出门买东西就套一件背心，那鞋柜还可以再设计一个挂衣服的地方。当然，一个鞋柜没办法收那么多衣物，于是配套的第二个收纳柜就需设在卧室或另一个地方。

反正，完全以自己的习惯出发就对了。

### 不是做木柜才叫收纳设计

姥姥我看过太多收纳柜设计了一堆，但家里还是乱成一团的例子，为什么？举个之前看过的案例吧。房主家里有整面墙的书柜，已住了一年，但书柜仍很空，根本没摆几本书，也没有什么纪念品、展示品。对，房主不看书，也没有收藏癖，但他家

以层板替代上橱柜的设计，虽然少了些收纳空间，却换回整体的开阔感。图片提供 _ 集集设计

的报纸却堆满茶几与沙发，那何必设计书柜？设计书柜要钱，还会让空间变小，不如把钱省下来，去买几个收纳篮，放在客厅茶几或沙发旁来收报纸。

再来一个例子。还未装修前，朋友Mei与她老公的房间共有3个1.8米宽2.1米高的衣柜，部分用来收纳棉被及行李箱。装修好后，做了一个2.4米宽2.1米高的整体衣柜，因为预算的关系，就只能做一个衣柜。想当然尔，她与老公的衣服没地方放，于是她又买了2个便宜的小衣柜回家，放在同一房间中。自然，整个空间也因极不搭调的柜子，而称不上有美感。

像Mei家的情形，老实说，根本不该请木工师傅做木柜，因为定做木柜都是手工业，手工是什么意思？就是贵！预算不够还要找贵的来做，自然就只能减量了，结果就是花了钱装修仍会收纳不足。

面对收纳设计，有个观念一定要扭转过来，**不是做"木柜"才叫收纳设计**。

柜子有很多种做法，预算有限的人应先想的是如何做足自己需要的柜子数量，然后再找出适合自己的做法（想看省钱柜怎么做，可翻到木工工程第206页）。

最后想给大家的建议是，找个空间当储藏室。储藏室不用大，有个3平米就很好用了，可以放电风扇、行李箱、一堆杂七杂八不知放哪的东西，若把储藏室与更衣室共用也行。尤其是有请设计师的人，设计费的价值就在于，你找不到、看不到的空间，设计师可以找得到，而且设计得好好的给你。

POINT **04** 嫁妆（三）：
学会做决定与负责

姥姥曾在过去的某段日子，追踪过十几个装修纠纷案，有的进了法院，有的只是报到消费者协会那里。我看到的多是大家不想听到的，是的，在法院判决中，很多都是房主输了。大部分输的原因，是房主无法对自己的决定负责。嗯，大家应该都过了18岁吧，能买个家，应该也在社会打滚了几年，请留意以下两点是要自己负责的。

第一，签约后，条约上没保障到你的部分，就算你不知道自己的权益也没办法，只要签了名，都算是你答应的。

第二，凡是因"美感"观点不同而产生的纠纷，法律都不会理你，包括品味、色彩美丑、木皮纹理好不好看等。

### 别把决定权交给设计师

不管是设计师还是施工队，他们都是专家，但都不住你家。你家是你来住的，厨房是你在用，马桶是你在刷，地板是你在拖……所以，在装修的过程中，他们会对工法或建材提供意见，但我们要自己下决定，然后，你要对自己的决定负责。

其实，这也是老生常谈的公民课程，但很多人在装修时，特别容易迷失自己，而且会出现生物学里的"稚相延展"现象，明明是个大人，还跟孩子一样，一切决定权都交给设计师，一切都是设计师说了算，最后问题就跑出来了。

谈几个案例。

Case1 ▶ "都是设计师当时强迫说要做和室，我后来想想真的没什么用，我要改格局，竟要向我收费。""那你当时有答应要做吗？""是有啦，但我没知识没法判断，都听他在讲。"

错了，只要当时我们有答应做和室，格局图上有，也签名了，改格局就要钱。我们有没有知识，有没有常识，看不看电视，法律都不会管，只要设计师有向我们说明过即可。

闲情逸致，是生活中最重要的事，
茶是闲情逸致，香味也很闲情逸致。
　　　　　　——日本作家白石一文

所谓住宅，或许不应太过洗练，太过纯净，适当地保留暧昧的空间，对房主而言，会更自由吧！——日本建筑师中村好文　图片提供 _ 集集设计

Case2 ▶ "原本觉得水泥做的家具很酷，设计师就做了水泥茶几，没想到，太重了，根本搬不动，我想退货退钱。"

抱歉，没办法，因为设计师是照我们要求给的，不好用，是我们自己的问题。

Case3 ▶ "原本看的窗帘样本还不错，波普风很可爱，但没想到一整片落地窗帘装上去后，变得好乱，很不好看，我要求再换窗帘，施工队竟然说要收费，他建议错的，为何我要付费？"

没错，我们要付费，因为当时他带你去看样板时，是我们自己答应要装的；虽然装上后效果不理想，但这也是我们自己当初决定要装的。

Case4 ▶ "我想说为了表示信任设计师，也希望给他好感，就先给了1万元订金，之后才签设计约，但后来设计师只给了我一张最普通的平面图，就是来我家，丈量一次后所画出来的图，许多尺寸还画不准。后来，因为我与设计师意见不合，不给他做了，请他退订金，他竟然不退。"

这个案子要分两面来看，付订金后，若是因为你"个人因素"不想让这位设计师做了，这订金是要不回来的。若你觉得没天理，那也没办法，因为法律是这样规定的。所以我建议，没看到估价单前千万别先付订金，也别以为你先给钱就是代表诚意，这只会让你自己看起来像只肥羊而已。

物品背后总有些东西是无法用肉眼看到的，我相信，那就是人的灵魂。——日本设计师吉冈德仁
图片提供 _ 尤哒唯建筑师事务所

另一方面是签了设计约后，到底要给几张图，给什么图，这很重要，也一定要在
合约中列明，例如：平面图、天花板图、水电图、立面图、厨具图等，但若你签
的合约里头什么都没写，而这个合约你也签名了，即使对方只给一张图，你也只
好自己认了。

大家懂了吗？只要是你决定的事，就不能反悔，或者说可反悔，但要付钱重改格
局。若施工队没有收你的钱，是他好心，不是因为我们是消费者或我们是给钱的人
就比较高人一等，没这回事。**施工队、设计师、房主，这三方都是站在同样的高度
上的。**

## 学会听建议，下决定，然后负责
好的施工队或设计师会跟我们讲，用某种工法的好处与缺点，例如不锈钢合叶的好
处是不易生锈，但缺点是贵；用一般合叶的好处是便宜，但在潮湿处易生锈；又例
如他们会建议用网篮当抽屉，较透气也便宜，但可能看起来比较廉价。然而功力不
足的设计师就无法提供你正反面的意见，只要是你说的都说好。

我们大家都是成年人了，再来讲一次重点：设计师或施工队给建议，你要自己决定
怎么做，然后为自己的决定负责。

顺带一提，姥姥也建议设计师，对争议性大的工法解释清楚后，可请房主签协议
书，对自己才有保障，不然，日后若有纠纷，要跑法院也很麻烦。

# TOPICS. 装修流程大解析

经由装修，我们可以把一个空间从“房子” 变成“我家” 。但这过程真的还挺复杂的，若是新房子还好，老房子翻新的话，中间可能有十几个施工队在你家轮流转。若流程有误，不但会多花钱，工期也会延后。

一般请设计师或监工的，他们会安排施工队，你只要注意“有没有来施工” 就好，因为之前常发生房主出国两星期回来，发现家里根本没动工。

自己找施工队的人，要安排好施工队顺序。例如厨具要在水电前定位，若没定位好，插座可能无法跟电器柜相合，不要以为厨具是最后才送到，到时决定就好，因为与水电工程相关，就得提早确定；又比如像空调管线没拉好，木工师傅来了也无法封吊顶。若师傅采用工时制，来一天就要给一天钱，即使没事做，只要错不在他，你的钱还是得照付。

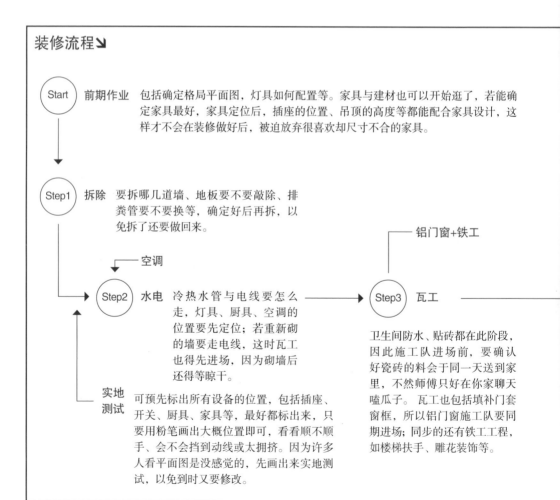

## 装修流程↘

**Start 前期作业** 包括确定格局平面图，灯具如何配置等。家具与建材也可以开始逛了，若能确定家具最好，家具定位后，插座的位置、吊顶的高度等都能配合家具设计，这样才不会在装修做好后，被迫放弃很喜欢却尺寸不合的家具。

↓

**Step1 拆除** 要拆哪几道墙、地板要不要敲除、排粪管要不要换等，确定好后再拆，以免拆了还要做回来。

↓

**空调** →

**Step2 水电** 冷热水管与电线要怎么走，灯具、厨具、空调的位置要先定位；若重新砌的墙要走电线，这时瓦工也得先进场，因为砌墙后还得等晾干。

**实地测试** 可预先标出所有设备的位置，包括插座、开关、厨具、家具等，最好都标出来，只要用粉笔画出大概位置即可，看看顺不顺手、会不会挡到动线或太拥挤。因为许多人看平面图是没感觉的，先画出来实地测试，以免到时又要修改。

→

**Step3 瓦工** 卫生间防水、贴砖都在此阶段，因此施工队进场前，要确认好瓷砖的料会于同一天送到家里，不然师傅只好在你家聊天嗑瓜子。瓦工也包括填补门套窗框，所以铝门窗施工队要同期进场；同步的还有铁工工程，如楼梯扶手、雕花装饰等。

**铝门窗+铁工**

不过关于谁先谁后的问题，只要你多问，师傅们都会跟你讲，他们也不希望自己白跑一趟。

油漆工程主要是在木工后进场，但家具或卫浴清洁用具搬进家时，难免会撞到墙面，可以请油漆师傅再回来补漆。这点也要事先和师傅讲好。但若是用喷漆，补漆会造成补痕，这就需要保护好墙面。

装修流程可分为两大部分，一是前期作业，一是施工工程。前期作业想得越详细越好，日后重做或追加的施工项目会减少很多，也就越省钱。但我知道许多人急着搬进新房子，那至少想好八成后再动工。

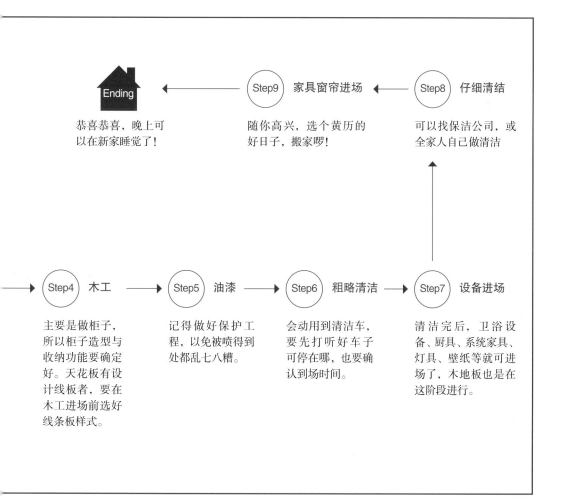

Ending
恭喜恭喜，晚上可以在新家睡觉了！

Step9 家具窗帘进场
随你高兴，选个黄历的好日子，搬家啰！

Step8 仔细清结
可以找保洁公司，或全家人自己做清洁

Step4 木工
主要是做柜子，所以柜子造型与收纳功能要确定好。天花板有设计线板者，要在木工进场前选好线条板样式。

Step5 油漆
记得做好保护工程，以免被喷得到处都乱七八糟。

Step6 粗略清洁
会动用到清洁车，要先打听好车子可停在哪，也要确认到场时间。

Step7 设备进场
清洁完后，卫浴设备、厨具、系统家具、灯具、壁纸等就可进场了，木地板也是在这阶段进行。

第 2 章

不后悔装修书

# 拆除工程

在拆除之前，一定要先想好家里的格局，不能操之过急，不然容易白做工。

许多人买了老房子，都知道要先规划好格局再来拆，但理智常会被眼前的满目疮痍搞得心烦意乱，就想先拆除再慢慢来画平面图。但没事先想好格局的结果，就是一面墙拆了之后，还要花钱把它"原地重建"。

另外，拆前也要多想想有没有什么东西可以再利用的，如柜子内部都还好好的，只有柜门旧了不符风格，就可只拆柜门不拆柜身，既省钱，又不会制造无谓的垃圾。

point1. 拆除，不可不知的事

[ 提醒 1] 请先断水断电断煤气

[ 提醒 2] 检查漏水

[ 提醒 3] 检查有没有蛀虫

[ 提醒 4] 窗框拆除，内角水泥层一起敲

[ 提醒 5] 窗外的瓷砖是否敲除，得先告知施工队

[ 提醒 6] 拆窗后，要用帆布封窗

[ 提醒 7] 消防管线、洒水喷头不能移位或拆除

point2. 容易发生的 4 大拆除纠纷

1. 最抓狂！排粪管不知何时被打破，得敲掉水泥救漏水？

2. 最揪心！白拆了的瓷砖地，白付了的一笔钱

3. 最心烦！听信施工队与设计师，阳台外扩惹麻烦

4. 最傻眼！地砖污染，防护工作只是做做样子

point3. 拆除工程估价单范例

| 工程名称 | 单位 | 单价 | 数量 | 金额 | 备注 |
|---|---|---|---|---|---|
| 原有砖墙拆除 | 平方米 | | | | 卧室隔间墙整面拆<br>厨房墙局部拆<br>不能拆到结构墙 |
| 全室瓷砖拆除 | 平方米 | | | | 地砖拆除含剔除旧水泥，剔到见底<br>含前后阳台、厨房墙壁、地面瓷砖 |
| 全室地砖拆除 | 平方米 | | | | 地砖拆除含剔除旧水泥，剔到见底<br>含客厅、餐厅、厨房 |
| 卫浴墙面、地面瓷砖拆除 | 平方米 | | | | 地砖拆除含剔除旧水泥，剔到见底<br>不得拆破排粪管 |
| 全室旧有门窗拆除 | 扇 | | | | 大门、室内门、全室窗，连门框窗框都要拆，但保留后阳台门<br>窗框拆除时要连内角水泥层一起剔除 |
| 全室柜体拆除、壁癌①剔除 | 处 | | | | 包括衣柜、书柜、展示柜、橱柜 |
| 卫浴设备 / 厨具拆除 | 处 | | | | |
| 前后阳台铁窗 | 扇 | | | | 含前后阳台的铁窗全拆除 |
| 保护工程 | | | | | 柜体与厨具或卫浴设备保护<br>要铺两层保护层，含瓦楞板及一层 3mm 多层板 |
| 施工中清洁 | | | | | |
| 全室家具垃圾清运 | 车 | | | | |

注：以上各项，若后续瓦工施工队有需求，需再来敲除。

---

❶：壁癌，当水泥墙壁受到水气侵蚀，发生"酸碱中和"所产生的碳酸盐结晶体会淤积在墙面上，因而造成墙面涂料壁纸起泡、鼓起、碎裂、剥落等现象。

拆除工程

# 01

# 打地板时，
# 千万小心排粪管

我很
后悔

苦主 _ 网友 July

## 最抓狂！
## 排粪管不知何时被打破，
## 得敲掉水泥救漏水？

| 事件 |

我家的卫生间是全室拆除重新装修，装修做好
后做蓄水检测，楼下反映会漏水，因为水电工
已撤场，又一直说忙，他要我们自己找漏。
唉，我们重新一一检查，最后，发现是排粪管
漏水。回头看当时的照片，才发现排粪管被打
破了，拆除时没发现，之后的水电工与瓦工也
都不管破掉的部分，继续施工，就造成瓷砖都
铺上去了，还要再回头解决漏水的问题。

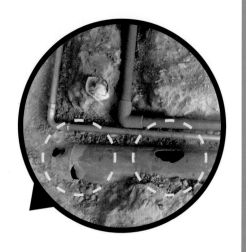

现场
直击

▶ 拆除后要再确认有
无状况
这张照片就是拍到排粪
管破了个小洞，所以最
好是拆除完后，带着水
电师傅，当着拆除师傅
的面到卫生间来检查。

> 讲好"全室换管",别以为就是"全部换"!师傅会跟你说,"一般"都是不换排粪管的,所以若想换排粪管,要特别跟水电师傅说,若不换,则要叮嘱,拆除时小心别敲破排粪管。

拆除算是装修工程中较简单的工法,但还是会有意外,最常见的就是打到水管。一般若不换水管,但又要打地板时,通常会看热水器与卫生间的距离,推测水管的位置;不过,总有算不准的时候,高达九成的师傅都会敲破水管。但别太担心,多是一小段而已,敲破就换敲坏的一段即可。

若是全室换水管,更不必顾虑,因为会重新拉管线,根本不用管原来的管线。

不过,在卫生间内拆除要特别小心,尤其是藏在地板内的排粪管,因为这根管通常是不换的。在许多老公寓或旧大楼,排粪管埋在大楼地板中或走在楼下的天花板中,很难换或无法换;若打破了,只能重新牵管。

那重点来啦,许多水电师傅说的"全室换管线",并不包括排粪管。嗯,装修有许多"术语"与实际上理解的意义是不同的,虽然大家讲的是同一地方的语言,但会有不同的理解。

以July的经验为例,讲好全室换管线,我们都觉得就是"全部换",包括热水管、冷水管、排粪管,只要是家里的水管都要换。没想到师傅说,"一般"都是不包括排粪管的,即使是40年的老房子也一样;所以若想换排粪管,要特别跟水电师傅说,若不换,则要去叮嘱拆除师傅,千万别敲破排粪管。

但就像希腊神话故事的悲剧一样,即使知道结果也还是无法阻止它发生。许多拆除师傅就是会把排粪管给敲破了。

"拆除师傅敲破后也不讲,然后水电工与瓦工也不看,就封起来了,后来做蓄水检测时,楼下反映漏水,没错,就是这里漏了,反正就是一场鸟事。"July说,后来他们家与师傅协商,没人承认错误;拆除师傅说不是他们打

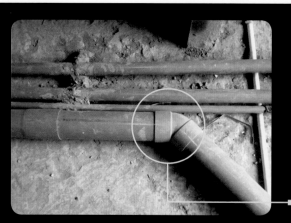

正确
工法

◀ 厕所移位，排粪管这样做

厕所若要移位的时候，会垫高地板来重拉排粪管。拉管要尽量不要转弯，能直线最好。若真的得转弯，不能像水管那样接90度，最好不要超过45度角，否则会"排得不顺"。这时房主也要监工，不然，瓦工一填起来，就什么都看不到了。

图片提供＿网友 ben

Tips

血泪领悟123

安全➕第一

 ▶ 排粪管换不换，要先想清楚，然后拆除、水电与瓦工师傅三方都要知道。

 ▶ 有状况要与施工队沟通，一定要找到施工队长。

破的，水电师傅也说不是他们打破的（照片显示可能是水电师傅打破的），最后从照片分析，水电师傅在装洗手台的水管时，就"应该"看到了，却没有发现，所以决定由水电师傅来补。

水电师傅不想再动大工程，就用软管塞进排粪管中来补救。但这种软管易破，日后若想通马桶时，不能用高压棒；不然，软管破了，再漏水的几率很高。

因此拆除做完后，要带着水电师傅，当着拆除师傅的面到卫生间来检查，若水电师傅当场都说OK，日后有问题时，水电师傅就要扛责任了。

July说，因为卫生间装修时没灯，里头黑黑的，家人验收时，根本没进来细看。她在第一时间发现水管破了时，曾问水电师傅A，是不是卫生间管线都会换，A答说，是的，所以她就放心了；后来才知道，A说的会换，并不指这条；还有，跟A讲也没用，一个水电施工队有3~5人，要跟施工队长讲才有用，队长没说要换，工人就不动，所以找对人讲才有用，这是亘古不变的真理。

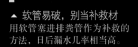

▲ 软管易破，别当补救材
用软管塞进排粪管作为补救的方法，日后漏水几率相当高。

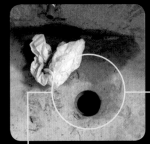

▲ 排粪管要塞起来
若确定排粪管或哪个水管不拆，管口都要用布先塞起来，一是防工程砂石跑进去，造成阻塞；二是防不良施工队把垃圾或杂物往里头倒，不要不相信，姥姥家就碰到这样的事。

 ▶ 每个施工队交接时，要带接手的施工队一起检查，如拆除师傅撤场时，可带水电与瓦工师傅一起检查，这样打破水管或没敲好地板，责任就都有人扛了。

 ▶ 看工地时，就当在看观光景点，能拍照就拍照，每个房间与细节都拍，日后要检讨工法时，说不定就能派上用场。

 SOS
补救手帖！

## 洞在直径 4 cm 以内，可另裁一片水管封补！

有设计达人表示，排粪管若被打破了，最好还是重拉管线。但有时若碍于预算，则可看洞破得有多大，洞（含裂缝）在直径4 cm以内，可以再另外裁一片水管，面积要能覆盖破洞的大小。先在破洞四周涂玻璃胶，再把水管片粘上去，水管片的四周再用玻璃胶封住，如此等灌水泥浆后，就能固定水管片，把破洞封住。

但若洞太大或是发生以下的情形，都建议还是重拉管线。一是破洞处是在排粪管转弯处，二是已有砂石或杂物从破洞掉进粪管内，这两种情形都容易造成管内阻塞，所以还是重换管线，以免日后找漏找不完。

重换排粪管时，因为管线多在地板里，不能挖地太深，尤其是见到钢筋时千万不能再往下挖，以免楼下的天花板被挖穿，一般多是用"垫高地板"的方式来重装管线。

这时就要注意卫生间的地板垫高后，与客厅的地板会不会落差太大。若太大，要垫高客厅地板或是重做门槛。另外也提醒大家，垫高地板不能用砖头垫底再加水泥浆，而应该用水泥浆加小石子，地震时才不易有裂缝。

# 原瓷砖地够平整，可直接铺木地板

我很后悔

苦主 _ 网友 July

## 最揪心！
## 白拆了的瓷砖地，
## 白付了的一笔钱

| 事件 |

我家是 20 年老房子翻新，在拆除瓷砖地板时，师傅问要不要拆到见底，我想就拆吧，打算换成强化复合木地板，结果木地板师傅来的时候说，原本的地板够平整可以不必拆啊，我才知道又多花了一笔钱。

强化复合与多层复合木地板都可直接平铺在瓷砖地板上。

现场直击

▶ 原地板平整度高，不必敲地砖
若原地板还很平整，换木地板可不必敲掉原地砖，直接铺上即可。

之前

之后

图片提供 _ 集集设计

关于铺地板这项工程，施工队有没有能力判断地板到底要不要拆也很重要，好比说，若拆，多笔钱，新的地板起鼓的概率为 3%；不拆，老地板起鼓的概率为 10%。贴心的施工队会将这样的评估结果跟房主讲，让房主有依据来做决定。

老房子翻新是不是要全室拆除？很多设计师或施工队会这么建议，但姥姥觉得不一定非要这么做。全室拆除对施工队而言，不仅施工较方便（因为不必再刻意做局部保护工程），而且多拆一些，日后必然要多做一些，就可以多赚点，何乐不为？

我在跑装修中的工地时有个感慨，就是许多还很好的东西，如地板、铝门窗、大门、室内门、衣柜、橱柜等，都还可以用，但都被拆了，不但可惜，还制造许多垃圾，对地球非常不友善。

好，我们不要唱高调谈什么环保，你也不想关心温度正负2℃的差异，那我们从实际层面来讲好了。拆一个柜子，要钱，再装一个柜子，还是要钱。钱多的人不在乎财富重新分配，很好，但许多没钱的人也这么做，却多半是因为 "知识不对等" 而成为牺牲者。也就是说，因为我们不懂，没法判断什么东西要或不要，而只能听专家的。

当施工队说这个柜子不拆日后风格会不搭，或者这个地板不拆日后会起鼓，再或者这个门不拆尺寸不对……当他们这么说时，一般人可有勇气说不？没有！这就跟医生叫我们吃什么药时，我们不敢质疑一样，因为我们没有那个领域的专业知识，但他们有，他们就有了主导权。

如果我们遇到好医生，我们的病会好，看这个病只需花挂号费；如果遇到医德不佳的医生，我们的病也许也会好，但可能会买了一堆那个医生推销的、跟维生素C差不多效果的营养品。

先声明，姥姥我不是说全拆都是错的，不是的；而是施工队有没有能力判断这个地板到底要不要拆：若拆，要多花一笔钱，新的地板起鼓的概

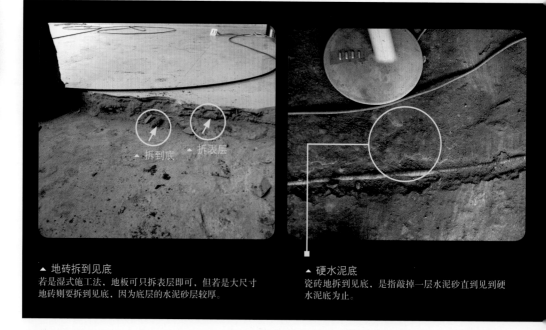

▲ 地砖拆到见底
若是湿式施工法，地板可只拆表层即可，但若是大尺寸地砖则要拆到见底，因为底层的水泥砂层较厚。

▲ 硬水泥底
瓷砖地拆到见底，是指敲掉一层水泥砂直到见到硬水泥底为止。

Tips
血泪领悟 123
安全┿第一

① ▶ 铺多层复合或强化复合木地板，原本瓷砖地板只要够平整，可不必拆除；但要视现场状况而定，若有瓷砖起鼓变形，仍要拆除。

率为3%；若不拆，老地板起鼓的概率为10%。然后，把这样的评估结果跟房主讲，房主可自行决定要不要拆。

回到网友Juice的情形，一般若铺强化复合或多层复合木地板，只要地砖够平整，即可不拆地板。若铺瓷砖，则有不同的情形。铺复古砖或板岩砖等采用湿式施工方法的（可先问瓦工师傅，或参考瓦工工程第122页），则要拆地砖但不必见底（见上图），只拆表面的工钱可省一点；若要铺大尺寸60×60cm以上的地砖，则要拆到见底，工钱会多点。

但要不要拆到见底，还要再留意新大门的门槛高度，整体地板若最后会加高很多，原地板就要剔除到底。

拆除前

拆除后

现场
直击

▲ 装修不等于拼命做木工

你看，这就是木工装修的悲哀，风格会老，你会搬家；当年木工做的电视柜也应花了不少钱吧，但等你一搬，随后就拆除，真的是浪费地球资源。

▶ 地板要不要拆除见底，要看铺什么类型的地砖，以及要考量新大门的门槛高度。

▶ 跟施工队沟通，要知道的是不同做法会有什么不同的结果，而不是你说什么他做什么。

🔊 must know
你应该知道

## 清运车停哪？先打听好！

安全＋第一

拆除后会有大量垃圾要清运，在拆除前，可先问问大楼管委会或附近邻居，大型垃圾可放在哪个地点，以及清运车可以停在哪里，以免到时被赶来赶去，甚至被罚。还有也要考量电梯的高度，拆下的门是否可以进得去；敲下来的砂石要打包好，不然边运边漏砂，在公共区域会引来邻居抗议。

记得在最后一台清运车离去前，再看一下

家里是否该拆的都拆完了，有些小地方易遗漏，如对讲机、门框、踢脚线等。

◀ 装修拆除期间会有许多砂石，最好都用袋子打包好再清运。

# 拆除工程

## 03

# 千万别乱拆墙，以免结构受损

我很后悔

苦主 _ 众多网友与 Juice、Kevin

## 最心烦！
## 听信施工队与设计师，
## 阳台外扩惹麻烦

| 事件 |

我希望室内空间能大一点，所以做了阳台外扩，当时也问过施工队（或设计师）。他们都说只要没人检举，就不会被查被罚。但没想到，被邻居检举了，施工队说只要做个假落地窗就好，这也是骗人的，后来拆除大队表示，必须把旁边两道墙补上，才能过关。

不管哪些形式，阳台外扩只要有人检举，就要恢复原状。

现场直击

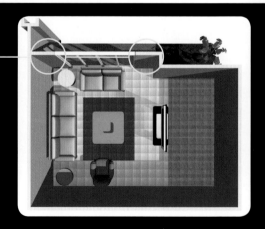

▶ 内墙不能拆
阳台落地窗旁的内墙（黄圈处），是不能拆掉的。

绘图 _ 读力设计

阳台不能外扩，就是指不能拆掉任何一面阳台的墙，包括"内墙"，也就是落地窗两侧的墙不能拆。虽然只有小小的两道墙，但会造成建筑结构的安全隐患。

在此可以清楚地告诉大家，阳台外扩绝对是不合法的。什么是阳台外扩，是指不能拆掉任何一面阳台的墙，包括"内墙"（见左页下图）。内墙是指落地窗两侧的墙，这两面墙不能拆。很多人误以为这两道小小的墙是可拆的，别以为加装铝窗才是阳台外扩，那就错了，只要打掉墙，就会造成建筑结构的安全隐患。

别相信设计师或施工队说什么"还好啦，全天下都在外扩"，因为被查到时，还是得房主付钱恢复原状。不然你写份协议书，上面写明"被查报时由设计师或施工队负责恢复原状"，你看对方会不会签名。

姥姥我个人很少坚持什么，但拜托，不要阳台外扩好不好，这是为了自己与大家的安全。再来，我真的看过太多因阳台外扩而被不良设计师或施工队威胁的，来看个真实的新闻案例。

某设计师替一位房主装修房子时，设计师先建议阳台外扩，当时房主也答应。但后来房主发现设计师偷工，于是要求重做吊顶，并扬言告上法院，却没想到设计师反过来威胁房主："若你再闹下去，就先检举你阳台外扩。"

所以，何必自找一个把柄给对方呢？然后还要担心邻居会不会检举，装个房子已经心力交瘁了，还要防来防去，不会太累吗？

再来，**阳台绝对没有你想的那么"没用"**。姥姥我自己曾住过有阳台与没阳台的房子。是的，把阳台外扩后，客厅可以多两三平米，但究竟还是在室内，封闭的室内；保留阳台，却是多了个与天地相接的空间。

能在自家里吹到风、晒到太阳，真的是件很惬意的事。若还能再摆上

▲ RC 墙（钢筋水泥墙）不能乱打
这是敲到 RC 墙的样子，给大家看一下，可以清楚地看到钢筋，这就千万不能打墙了。

▲ 可拆的砖墙与轻隔间墙
红砖墙与轻钢架隔间墙多是可拆的、轻钢架隔间墙两侧为防火板材，厚度约 10 cm 左右。

💡 Tips
血泪领悟 123
安全+第一

① ▶ 只要是阳台外扩，就是违法。包括拆掉落地窗旁的两侧墙面。

② ▶ 若设计师或施工队说可以外扩，请他们签责任书，以免日后反咬你一口。

一张桌子两张椅子，就更高档了，算是私家咖啡厅吧。我一直相信，空间是会影响心情的。每回我自己心情不好时，只要在阳台待一会儿，心就会自然开阔起来。这是与待在室内完全不同的感受。给阳台一个机会吧，这无用之用，或许会成为与你最亲近的疗愈场所。

好了，除了阳台的墙不能拆，另外还有些墙是不能拆的，千万别以为室内每面墙都可以随心所欲地拆。包括剪力墙①、RC墙（钢筋水泥墙）等结构墙，这种墙多数厚达15cm以上，内有钢筋。这两种墙绝对不能拆，不然整个建筑就有危险，若真的有疑虑，可请结构工程师来看看。

一般可以拆的室内墙多为砖墙或轻钢墙。砖墙敲除表层后，会看到红砖，厚度约12cm；轻钢墙则会看到前后的石膏板等板材，厚度约10cm而已，这两种墙都很好辨识。

---

❶：又称抗风墙或抗震墙、结构墙。房屋或结构物中主要承受风力或地震作用引起的水平力的墙体。

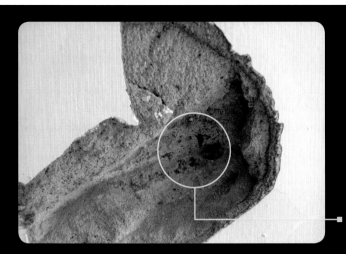

现场
直击

◀ 墙内只有水泥和钢筋
这面 RC 墙从墙面往下打约
3cm，仍是水泥，没看到砖，但
可看到钢筋的表面。这墙就不
能再往下打了。

 must know
你应该知道

# 剪力墙与 RC 墙的判定

 安全＋第一

根据前置建筑工作室解释，"剪力墙"这个名词是用该墙的"结构作用"来描述一堵墙，"RC 墙"则是用该墙的"组成材料"（钢筋加水泥）来描述一堵墙。

结构技师为了适应建筑结构中某个部分抗剪力的需求而设置剪力墙，并根据该墙所需要的抗剪能力来指定材料以及尺寸和构造。所以，剪力墙的材料可以是 RC，也可以是钢，也可以是砖，也可以是木板。

现在多是 RC 建筑，因此剪力墙也多以 RC 浇注。但不代表 RC 墙就一定是剪力墙。大部分的外墙用 RC 主要是为了维持防水的整体性，并没有结构作用。所以，理论上这些墙即使全打掉也不会有问题，因为结构已经设定为光靠梁柱就够了。

但是，有些墙既有结构作用，又同样是 RC，如果厚度又是不厚也不薄的 15 cm，判定上其实很困难，最好还是找出当初的结构设计图来看。如果没有，我们尽量以最保守的方式判断：

1. RC 墙厚 15 cm 以上（扣除砂浆粉刷层），有双层钢筋，且钢筋在直径 12.7mm 以上，那就有可能是剪力墙。厚 20 cm 以上的 RC 墙最好认定它一定是剪力墙。

2. RC 墙厚 15 cm 以上（扣除砂浆粉刷层），且建筑物的所有楼层在该堵 RC 墙的同样位置上，都有相同厚度和宽度的 RC 墙，也就是说这堵墙垂直贯通整个建筑物，那它也有可能是剪力墙。

# 04

# 不拆不换的地板、橱柜，通通要包好做保护

我很后悔

苦主 _ 网友 Yong

## 最傻眼！地砖污染，防护工作只是做做样子

| 事件 |

拆除时虽然有做保护工程，但保护得一点都不好，只铺了薄薄的一层瓦楞板，不知道是师傅吐口香糖，还是打翻饮料，验收时，我发现地板的抛光砖还是被染成一点一点黑黑的。跟师傅说，他只说多擦一擦，慢慢就会淡掉（最后当然没淡掉），我们要他重做，他还要我们付钱。

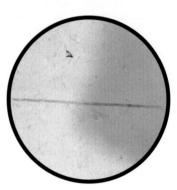

◣ 抛光砖上沾到的一点黑污，连填缝处也弄脏了，说什么擦一擦就干净了，结果我擦到手都要断了，还是擦不掉。

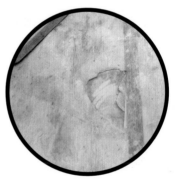

◣ 不但是用旧的、脏脏的瓦楞板来铺，施工期间还有不少地方破掉了，底下的砖也露了出来。

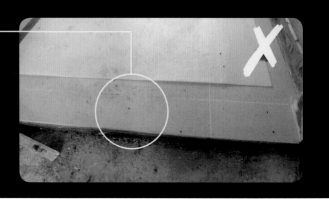

▶ 防护只做半套，等于没做
Yong 说自己很"幸运"，找到一个"超节省"的师傅。抛光砖的墙脚处以及剩下一点地方，因为瓦楞板不够，就没贴了，而且全程都没铺多层板。

现场直击

> 不换地板的人，要特别注意地板的保护工程。一般保护工法是铺两层，一层瓦楞板，一层多层板。瓦楞板可以阻挡尘土或不慎洒落的饮料，多层板则可承受较大板材与较重物件的撞击。

 在工地，什么东西都可能从"天上"掉下来。饮料、口香糖、烟灰、油漆桶、刷具、钉子、石膏板、隔壁飞来的拖鞋……

为防止这些东西产生彗星撞地球般的悲剧，不打算更换地板者，首要就要做好地板的保护工程。

### 瓦楞板＋多层板，双层护地

一般来说，地板的保护工法是铺两层，一层瓦楞板，一层多层板（又称胶合板、三厘板，若能铺六厘板更好）。铺瓦楞板的用意，主要是挡尘土脏污以及那些从天上掉下来的重量较轻的物件。但若掉下来的是较大型的板材或较重的桶子，瓦楞板是无法承受的，很容易破掉，因此最好在瓦楞板上再铺多层板，双重防护才能真正保护地板。

但是**木地板、抛光砖或大理石地板则最好不要直接铺瓦楞板**，因为若直接铺上瓦楞板，拆掉后容易有条痕压印于地材上，洗不掉也磨不掉。最好的方法是铺3层：底层为PVC防潮布，中层为瓦楞板，最上层为多层板。

其实，预算够的话，最好都铺3层，保护会更好。要注意的是，若是刚做好的大理石，因为会吐水汽，就应把防潮布换成防潮垫布，好让水汽透出。

像Yong的家在抛光砖上只铺一层瓦楞板，而且还铺得零零落落，没有完全覆盖地板，根本没有防撞的功能，地砖很容易就被撞伤。瓦楞板一定要铺满，直到踢脚线处，且两片之间要重叠，以免尘土杂物跑进去磨伤地板，或被饮料渗进去使地板染色。

铺瓦楞板或多层板时会用到胶带，要注意胶带不能用太粘的，有些师傅

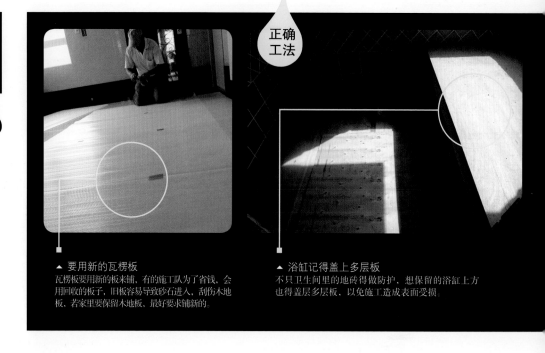

正确
工法

▲ 要用新的瓦楞板
瓦楞板要用新的板来铺，有的施工队为了省钱，会
用回收的板子，旧板容易导致砂石进入，刮伤木地
板，若家里要保留木地板，最好要求铺新的。

▲ 浴缸记得盖上多层板
不只卫生间里的地砖得做防护，想保留的浴缸上方
也得盖层多层板，以免施工造成表面受损。

Tips
血泪领悟 123

① ▸ 地板的保护工程至少要铺两层，一层瓦楞板，
一层多层板。

就是能买到别人都买不到的劣质胶带，这种胶带撕掉后会留下残胶，很
难清掉。之前就有个案例，房主买了一扇8万多的意大利进口大门，师
傅在做保护工程时不够细心，胶带粘在大门上，后来，胶带残胶清不
掉，纠纷就这么闹出来了。

SOS
补救手帖！

纸巾沾漂白剂湿敷，
淡化脏污

抛光砖上若不慎沾到色，可用厨房纸巾加上漂白剂湿敷半小时至一小时，颜色会由深转
淡。不过，有的有用，有的没用，反正死马当活马医，大家可以试试。

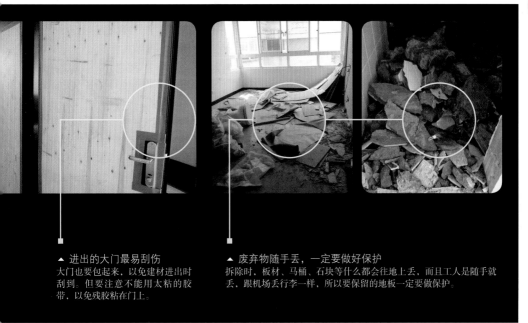

▲ 进出的大门最易刮伤
大门也要包起来，以免建材进出时刮到。但要注意不能用太粘的胶带，以免残胶粘在门上。

▲ 废弃物随手丢，一定要做好保护
拆除时，板材、马桶、石块等什么都会往地上丢，而且工人是随手就丢，跟机场丢行李一样，所以要保留的地板一定要做保护。

 ▶ 铺的时候要完整覆盖地面，与墙面相接的边缘处也要包，且两片瓦楞板之间要交叠，再贴胶带。

 ▶ 大门、室内门、浴缸、柜子、家具等，要保留的都要包好。

## 家具、设备要严密包裹，以免遭碰撞

除了地板之外，要保留的大门、室内门、柜子等都要包好，以免在施工与搬运建材时不小心受到撞击而损坏。卫生间则除了要注意地板和浴缸的覆盖外，还要用胶带封住水管，以免细碎的砂土不知不觉间渗进去，造成日后处理的麻烦。

至于活动式的家具、电器和灯具，若能搬离现场最好，若无法搬移，也要使用气泡膜妥当地包好。倘若工程中有用到电焊，爆出的火花可能会伤到周围的墙面或设备，所以一定要在电焊前，把周遭保护好。

此外，不只是室内，公共空间的电梯或走道，是材料垃圾进出的主要区域，也要预先做好防护性的覆盖，尽可能不要造成邻居的困扰。

# 拆除，你该注意的事

拆除前、中、后，都有些该注意的事，例如要先断水断电以保安全，再来，可趁干扰视线的杂物或木墙等障碍清除后，好好检视一些平常不见天日的角落有没有壁癌或漏水。至于哪些该拆哪些不能拆，最好在现场交代清楚，建议再用纸写下来，因为不是每位施工队长的记忆力都很好。

拆除的工期长短不一，以 100 平米的老房子全屋拆除为例，有的施工队长会一次派 5~8 个人，一个上午就拆完了，速度很快；但有的队长淡淡定定、慢慢悠悠，一次派 2~4 个人，就得拆个 2~3 天。所以要问清楚，以免你到现场时，都已经拆完了，不该拆的也拆掉了。

**提醒 1** 先断水断电断煤气

断水是关水表总开关，断电是关总开关箱，断煤气则是把总开关关起来。若要改煤气管线，要与煤气公司联络。

▲ 除了水电，煤气也要记得关。

**提醒 2** 检查漏水

漏水大概可分两种类型，一种是明目张胆地出现在你眼前，常在墙角可以看见，以壁癌的样子宣告它的存在。另外在卫生间周围的墙壁以及会直接淋到雨的外墙，都较易漏水。

第二种是隐藏式的，藏在地板或木墙内。例如，当地板敲掉瓷砖时，水泥地是湿湿的，就可能是水管破裂，但也可能是由外墙渗漏进来的；还有当木墙或吊顶拆掉后，才发现原来里头的墙早已面目全非、爬满壁癌。

▲ 许多屋顶的壁癌是拆掉天花板后才发现的。若发现壁癌，一定要先处理。

遇到漏水要立刻处理，且须在瓦工师傅施工前把漏水源头找出来。不然，水泥封底后，还得再挖开来，如此做两次工，费钱又费心。找漏一定要找到漏水源头，比如壁癌，如果是因为水管渗水造成的，就得先把水管修好，不能只把墙壁表层清掉后直接涂上防水漆。如果源头没解决，日后还是会产生壁癌。

提醒
3　检查有没有蛀虫

蛀虫也会在拆除时发现，最常见的是在踢脚线、木柜或木地板内发现粉末或细木屑。除虫费用看来的次数而定。有的只来一次，多在拆除后，水电切沟前进场；费用收得较多的，就会来两到三次，杀得较干净，这要看你跟除虫公司的约定，重点是在"木工工程"前，要杀干净。但要注意的是，蛀虫也有不同种类，不同的虫有不同的去除方法，应该事先向除虫公司问清楚。

◖ 踢脚线内或木柜内有粉末的话，就有可能是遭虫蛀了。

---

提醒
4　窗框拆除，内角水泥层一起敲

**错误
示范**　▲▼ 上图的窗只拆窗框，下图则是随意打打，两者都未将内墙的四周水泥层打掉。

拆铝窗时，除了窗框要拆，四边窗框的内角水泥层也要打掉，日后将由瓦工师傅填缝做防水。若没有打掉四周水泥，新的填缝剂无法与旧水泥墙结合，日后就易漏水。（可参看瓦工工程第134页）

▲ 拆铝窗时，不能只拆窗框，内角水泥层也要一起打掉。

**提醒 5** 窗外的瓷砖是否敲除，要先告知施工队

窗外的瓷砖要不要打掉，要与设计师或施工队先讲好。若找不到与原瓷砖相合的砖，通常都不会打掉。有的拆除师傅会不管那么多，就随意打了下去，像这位朋友的家，后来瓦工师傅就直接帮他填平，但也懒得再去找瓷砖来配，因为找新瓷砖容易，要找到与旧瓷砖相合的砖，常要花不少时间。于是他们就直接上水泥不贴瓷砖，这样不但不美观，防水力也较差（瓷砖的防水力还是比水泥好的）。

▸ 铝窗外墙若已被敲除，最好找砖来补，不要只上水泥，否则防水会较差。

 must know
你应该知道

# 有些东西，不拆更省钱

其实，不是什么东西都要拆，只要加点小设计，有些东西即可重新利用。特别是可以重新"整容"的房门，骨子里不用改变，只改"表面"就可轻松营造不同的风格。

**① 不拆砖墙，再创个性空间**

喜欢这种白色砖墙的感觉吗？那老房子拆除时就要请师傅帮个忙，在敲砖墙时，下手轻点，尽量保持红砖的完整。不过，就算敲得碎碎的水泥也被敲得有一块没一块的也很好（现在流行的工业风，还要请人特别搞成这种模样，你家只要有个拆除师傅就行了），然后再上个白漆就好啦。可以省下拆墙以及重新砌墙的钱，会省很多！不过，这种旧砖墙的质感当然比不上新砌的墙，这是选择此法要有的心理准备。

▲ 将原有的红砖墙敲除表层后，再上层白漆，就很有味道。

▲ 敲到红砖墙时，可保留下来，即使敲得不平整，也没关系，之后再略作处理即可。

## 提醒 6　拆窗后，要用帆布封窗

▲ 拆掉铝门窗后，记得用帆布封洞。

铝窗拆下来后，要用帆布包好空洞，否则室内的器具、石块或瓷砖掉下去砸到人，就不好了；也可以防下雨时，雨水渗入地板，如果此时地板已拆除见底，会造成漏水。

## 提醒 7　消防管线、洒水喷头不能移位与拆除

消防管线会走在天花板内，通常是红色的管子，有些人嫌消防洒水喷头不好看，想移位，但这些洒水喷头都有侦测火灾的功能，原位置即是最均等侦测的安排，除非是新做隔墙或特定吊顶，建议都不要拆，也不要移位。若有隔墙，要配合墙的距离移动洒水喷头。

◀ 别听施工队说消防管线可以移位，技术虽没问题，但安全会有问题。

## ② 不拆室内门，通过小整形变新门

预算有限的人，其实可以保留原室内门，只要在门外贴木皮板，即可改变外观。贴皮做法可省下门的材料费或油漆费，但并不是每扇门都适合如此做，因为要考虑到贴皮后增加的厚度与原门框是否相合。

▲ 整形前

▲ 整形后

▲ 若确定不保留室内门，就要连门框也一起拆。

## ③ 不拆柜身只拆柜门，衣柜梦幻美形术

旧木柜不一定要全拆掉重做，只要柜身与内部五金都好好的，可以保留柜身。外观的部分则靠更新柜门来改变，例如，不喜欢原来浅木色的柜子，可以换个不同造型的柜门，也可顺便再加几个抽屉，增加收纳量。整体改造后，就与之前的风格差很多。

▲Step1
原来风格的柜门

▲Step2
柜门拆除，保留柜身

▲Step3
更换后的新门板

# 水电工程

拆除完成后,接下来就是水电进场。水电工程包括换冷热水管、重新配电线回路、整理配电箱等,也是各工程中最常被偷工减料的一环。因为电线、配电管、灯泡等,都藏在天花板中,做完验收时看不到,设计师也不见得懂,所以会出现某些不良施工队在里头鱼目混珠的情况。

要如何避免这样的问题,首先,材料进场时的监工是绝对必要的;此外,要特别提醒大家的是,水电的预算千万不要省,因为豪宅级的做法也不过多个几百元,支付合理的费用,可让整个家住得更安心。

point1.　水电，不可不知的事

[ 提醒 1] 弱电箱以方便维修为上

[ 提醒 2] 玄关可安装感应灯

[ 提醒 3] 进水管安装止水阀

[ 提醒 4] 吊架悬挂水管，不必再敲地板

point2.　容易发生的 9 大水电问题

1. 最气结！漏电断路器被调包
2. 最无力！换了新电箱，但一样会跳闸
3. 最不便！使用家电，还得错开时间搞"宵禁"
4. 最担心！小小电线大学问，配电不佳电线烧毁
5. 最遥远！一延再延的插线板，我们一家都是线
6. 最麻烦！卧室床头没开关，睡前还得再下床
7. 最糊弄！电线塞爆电管，走火几率高
8. 最粗心！热水管紧贴冷水管，容易失温冷凝水

point3.　水电工程估价单范例

| 工程名称 | 单位 | 单价 | 数量 | 金额 | 备注 |
|---|---|---|---|---|---|
| 配电箱整理更新 | 式 | | | | 更新成几批配电箱<br>采用 xx 品牌空气开关与漏电断路器<br>所有回路皆接地 |
| 弱电箱整理更新 | 式 | | | | 位置在配电箱下方或放电视柜、书房 |
| 新增插座回路工费 | 回 | | | | 客餐厅、厨房、卧室等，含出线口及配管、电线更新 |
| 新增专用回路 | 回 | | | | 含空调 3 回、厨房 3 回、卫生间 2 回等<br>漏电专用回路，要用漏电断路器 |
| 新增灯具回路 | 回 | | | | 客餐厅、厨房、卧室等 |
| 新增插座出线口及配管 | 处 | | | | 参照灯具水电图样 |
| 新增电视插座出线口及配管 | 处 | | | | 参照灯具水电图样 |
| 新增电话插座出线口及配管 | 处 | | | | 参照灯具水电图样 |
| 新增网络插座出线口及配管 | 处 | | | | 参照灯具水电图样 |
| 开关面板材料费 | 处 | | | | ×× 牌开关面板与插座 |
| 新增灯具出线口及配管 | 处 | | | | 厨餐吊顶内及走道嵌灯 参照灯具水电图样 |
| 全室灯具更新 | 处 | | | | 参照灯具水电图样 |
| 全室电线更新 | 式 | | | | 灯具 用 xx 品牌 1.5 平方实心线<br>插座空调用 xx 品牌 2.5 平方实心线 |
| 全室冷水管更新 | 处 | | | | 冷水管为 20 mm 或 25 mm PPR 管<br>含给水管或污水管移位或新增出口 |
| 全室热水管更新 | 处 | | | | 热水管为 20mm 与 25mm PPR 管，主干管要粗，分支要细 |
| 全室排水管更新 | 处 | | | | 为 PPR 管或 PVC 管，含厨房、卫生间、阳台 |
| 马桶排水管更新 | 处 | | | | |
| 对讲机 | 式 | | | | 老公寓 1 楼对讲机电线更新，新大楼可请原厂处理 |

# 水电工程
# 01

# 不想被糊弄，
# 得先认识配电箱

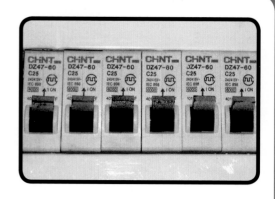

**我很后悔**

苦主 _ 网友 July

## 最气结！
## 漏电断路器被调包

| 事件 |

我家的旧电箱要换新，水电师傅说里头的空气开关
全都会换成新的，我看着他都换了。但后来有位懂
水电的朋友来家里，把配电箱的门打开一看才发
现，我家并没照规定安装"漏电断路器"。我其实
根本看不懂什么断路器，但从头到尾，我的水电师
傅都没说要用这个啊，唉，他的收费的确比较便宜，
但没想到他会不按规定做事。

每个回路都要装漏电
断路器，我家的没装，
我当时也不懂，就这样
验收了。

**现场直击**

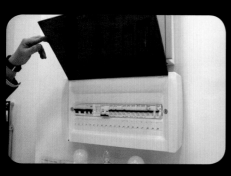

▲ 所有家用回路都从配电箱这里出发。

▲ 配电箱内会有导轨，空气开关即安装在此。
图片提供_法商施耐德电气

装修中最难懂的就是电路工程。为什么难懂？因为有许多仿若古埃及文的专有名词。所以要弄懂水电，不妨先从"空气开关"、"漏电断路器"、"配电箱"慢慢讲起，了解了这些大腕后就会发现，水电也没那么可怕。

配电设计是整个家里最最重要的工程，但多数人却不太在乎。房子装修得美轮美奂，包金又包银，但是里头的电线是黑心货，用电回路也不足，整间房子像绣花枕头。真的建议大家多花点预算给水电工程，只要多个500元，你会换回更多的"安心"，是值得的。

装修中最难懂的就是电路工程，为什么难懂？因为有许多仿若古埃及文的专有名词。但其实，它们也没那么可怕，就像怪物史莱克有颗善良的心，它们也会带着无辜的眼神说："你可以再靠近我一点。"

### 带你摆脱危险——空气开关

我们先来介绍一下最重要的男主角："空气开关"。它别名很多，微型断路器、微断、小型断路器都是它，英文简称为MCB（Miniature Circuit Breaker）。空气开关的主要功能是电线短路或用电量超载时，它会"跳闸"，可以保护我们免于电线走火。空气开关要选有安全认证的"CCC"产品，一定要指定品牌，以免用了次级品。因为一个16A的空气开关价格可差5至10元，有些人砍水电的费用砍得多了，师傅们就从这些材料省点钱。

### 近水处保护你——装漏电断路器

认识了空气开关后，我们再来认识另一个长得比较大只的家伙：漏电断路器。漏电断路器有不同的规格，现多用二合一型（RCBO，漏电加短路过载保护合一），当测到漏电时，就会跳掉。好，不管是台湾北京上海广州浙江，许多热情网友寄来的配电箱照片中，最常出现的问题就是：分路回路没有装漏电断路器。

关于家装电气怎么设计，国家是有规范的，其中《民用建筑电气设计规范JGJ16-2008》第7.7.10条（我知道这名字很长，大家放心，不会考试），就规定"家用电器回路与插座回路"要装漏电断路器，而家装回

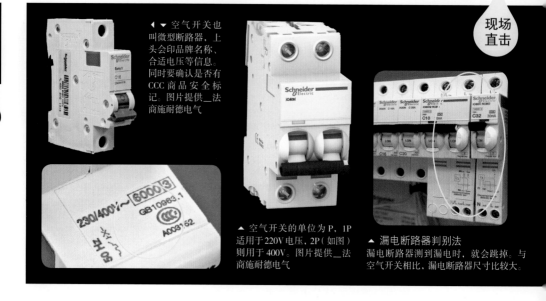

◀ ▼ 空气开关也叫微型断路器，上头会印品牌名称、合适电压等信息。同时要确认是否有CCC商品安全标记。图片提供__法商施耐德电气

▲ 空气开关的单位为P、1P适用于220V电压，2P（如图）则用于400V。图片提供__法商施耐德电气

▲ 漏电断路器判别法
漏电断路器测到漏电时，就会跳掉。与空气开关相比，漏电断路器尺寸比较大。

路不是给电器用就是给插座用，所以结论就变成每个回路都要装漏电断路器。

说实在的，并不是每个国家都规定地那么严谨，这点大陆是超前的。但很可惜，上有政策，下有对策。我手上这大江南北的配电箱中，没有一个照规定做。为什么没装？我想，有的应是"不知"有此规定，有的则是想省点钱。一个漏电断路器16A1P的要60~120元，但同规格的空气开关约12~24元。因此该装漏电断路器的地方就用空气开关替代，这也是网友July家里出问题的地方。

## 近水处保护你——装漏电断路器

再来，这两兄弟也长得很像，所以要小心别被调包了。漏电断路器比空气开关大只，外壳上会注明英文RCBO或中文漏电断路器（另有一种漏电附件叫vigi），还会有一颗测试钮，建议每个月按一下，可测试漏电跳闸的功能是否完好。

但若真的预算有限，无法每个回路都装漏电断路器，姥姥建议至少有水的地方，如厨房、卫生间、工作阳台等处要装，电热水器、高功率洗烘衣机等用水电器也要装，现在电器质量不一，假货也多，若真的漏电了，你会感谢自己装了漏电断路器。

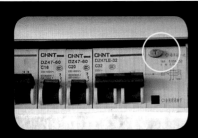

◀ ▶ 漏电断路器上有颗测试按钮，可每月测试跳闸功能。外壳上方会印 RCBO 或漏电断路器的字样。图片提供__北京好同学

◀ 这是漏电保护附件，上方会印 vigi，可与空气开关结合，即可等同漏电断路器。

▶ 近水处都要加装漏电断路器回路
橱柜台与水槽下的插座，要加装漏电断路器的回路。

## Tips
血泪领悟 123

安全+第一

① ▶ 什么钱都可以省，什么装修都可以不做，但电的部分不要省，多个 500 元，你家就可以更安全。

② ▶ 各回路都要安装漏电断路器，若真的手头紧，至少有水的地方包括卫生间、厨房等处要装。

---

🔊 must know
你应该知道

## 漏电断路器不要装在总开关

安全+第一

这位网友家的配电箱是把漏电断路器装在总开关的地方。虽然这比"什么都没装"来得好一点，但还是不建议如此。一般漏电断路器要装在分路的回路上，也就是卫生间与厨房、阳台的回路，而不是装在总开关处。原因是跳闸时，若装在分路回路，就可从单一回路去找出漏电的电器 但若是装在总开关，就得在 8 个（或更多）回路上一一去找是哪个出问题，再去那个回路找出漏电的电器，会花很多时间，相对收费也会贵一点。所以漏电断路器要在分路回路上为佳。

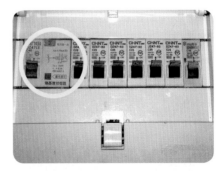

▲ 将漏电断路器装在总开关处，未来跳闸要检查漏电电器时，会较麻烦。图片提供__ Jeff

# 怎么又跳闸了(一)：
# 回路设计的8大基本概念

我很
后悔

苦主 _ 东莞豪客

## 最无力！
## 换了电箱，
## 但一样会跳闸

| 事件 |

我家因旧电箱不敷使用，所以花了 500 元去更换新电箱。我是看到新的电箱了，里头的开关也变多了，但后来只要电热水器加浴霸一起用，就会跳闸。我才知道，我家的回路根本不够，水电师傅只换了电箱，却没有好好重新规划回路。

（示意图）

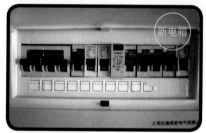

（示意图）

图片提供_深圳老蔡，Yawin

旧的配电箱虽然升级到较大的新电箱，但回路设计不良，仍会跳闸。

正确
工法

▶ 列出所有厨房电器，好计算所需回路
厨房电器多，需一一罗列，才能好好计算所需回路。

每间房子对于配电的需求各有不同，100 平方米的房子配电箱多设为 8P~10P（P 为空气开关的单位），但大家也发现了，许多东西是没算进去的，如浴霸等，若考虑未来可能要增加音响设备等电器的回路，大概会需要用到 15P~20P。

网友July家遇到的配电问题，就是回路规划不佳。回路是什么？这个下一节再来细讲，我们先来看整体的观念。这部分很专业，也有点难懂，但没关系，姥姥与达人们想办法用比较简单的话语来解释重点，几个细节掌握住，大方向就不致偏差了。

我们先来看家用回路设计的九大概念（一样是不记也没有关系，理解就好，我们不会考试，呵呵）。

### [一] 要先详列电器

列出所有的电器，才能回推你家需要多少回路，不要空想，尤其是厨房，高耗电的微波炉、烤箱、电磁炉、电热水器等，都要列出来。

### [二] 空调

通常是看室外机有几台，就用几个专用回路，如一台分体式1对2的空调，因室外机是1台，所以就配1个专用回路。

### [三] 灯具

全室灯具可用1个回路包办，最好单独一个回路，有的会与插座同回路，这样不好，若插座跳闸，灯就不会亮，影响较大。灯具回路常用1.5平方电线，法定可承受电流是14.5A（A为电流单位，又称安培，算法可看下一篇），若家中的灯具太多，电线可配2.5平方，此部分可请水电师傅评估。

### [四] 卫生间插座

插座就比较复杂了，要分几个区域讨论。首先是卫生间，因湿气重，所以插座、灯具与暖风型3合1浴霸可共享1个"漏电"回路。所谓漏电回路，是指此回路要装漏电断路器（请一定要装）。若有电热水器，用电量超过12A，则要再多加1个漏电专用回路，不然若同在16A的回路中就易跳闸。

### [五] 厨房插座

小型电器都可合用1个回路，要注意的是，厨房有水，所以回路要装漏电

◀ 浴霸要用漏电回路
浴霸很耗电，若超过
10A，要用1个专用电路。

▶ 阳台洗衣区须装漏
电回路
阳台也是会用到水的地
方，要一个专用的漏电
回路。

正确
工法

断路器做保护。

但若有大功率、高耗能的烤箱电器，则要另配1个专用回路给它用，不然容易跳闸；像愈来愈多人会用380V的电器，如蒸烤炉或国外大功率厨房电器（超过2500W），这些电器都不能使用220V的插座，要再另外安装400V插座或专用回路，才安全。

冰箱也可考虑专用回路，若与其他厨房电器共回路，只要跳闸，冰箱就停电了，冷藏食品可能会坏掉。

## [六] 阳台插座
阳台有洗衣机，也要1个漏电回路，若有安装洗烘机等大型耗电器具，也要再增设专用回路。

## [七] 客厅与3个房间的插座
基本上可用1个回路，主要是看用插座的家电用电量，一般小家电都不大，也不会同时使用，所以1个回路即可。但若插座数量太多，超过单一回路的承载电量，就得再多加1个回路。

## [八] 影音柜
你可能没钱弄一套百万音响，但若想让自家的千元音响也有好声音，只要给电视柜或影音设备一个专用回路，音质画质就会大大提升，这是花小钱提升质量的好方法。

 must know
你应该知道

# 三室两厅回路运算实例

以 100 平方米三室两厅的格局为例，实地算一下。但在进入实地演练之前，姥姥得先说明，因为各家用电状况不同，范例只是示范，你仍要根据自家的用电情形，找配电人员详细讨论，不能照抄范例哦。

解释一下总计的数字算法。家用配电箱最常见的是单排导轨，大小尺寸单位为"位"，空气开关 1P 为 1 位。

照范例来看，"基本款"总开关箱的大小为：10P+ 总开关 1×2P=12P（具体计算参看下表），即要用 12 位以上大小的配电箱。

每间房子有不同的需求，现在一般配电箱多设定在 8~12 位，但大家也发现了，许多东西是没算进去的（如大烤箱），若全部算入，或考虑未来所需的足够数量（如要增加音响设备的回路），大概会需要用到 16 位以上。

水电达人建议，8 位与 16 位的两种配电箱价格，不过就差个几十块钱，在整个装修工程费用中算是九牛一毛。整理电箱贵在人工费，所以不如一次就装大一点的电箱，日后就不必再花好几百块来敲换或增设电箱了。

## 100平方米三房两厅的配电设计示范

| 格局 | 回路数 | 回数与对应的电器 |
|---|---|---|
| 空调 | 3 回（3 台） | 室外机每台就要 1 个专用回路 |
| 餐厅厨房 | 2 回 | 家电插座 1 回<br>橱柜台水槽下插座 1 个回路<br>若有大功率电器（超过 2816W）要专用回路 |
| 卫生间 | 2 回（2 间） | 插座与灯具、浴霸共享 1 个回路<br>电热水器 1 台 1 个回路 |
| 阳台 | 1 回 | 1 个回路（通常给洗衣机插座用） |
| 灯具 | 1 回 | 1~2 回，视灯具多寡而定（先以 1 回来计算） |
| 插座 | 1 回 | 客厅与卧室可共 1 回<br>注重音响质量的，可在客厅影音柜加设 1 个专用回路 |
| 总计 | 10 回 | 配电箱的大小为 10P+ 总开关 1×2P=12P（见注 1）<br>若把所有需求算入，可到 14P~16P |

资料来源：叙荣工作室、姥姥

注 1：P 是空气开关与断路器的单位，以上回路皆要装漏电断路器。
注 2：红字不列入计算，有需要者可自行加入。
注 3：这里提及的家用回路，是以电流量 16A 当基准。
注 4：3 室 2 厅包括客餐厅、主卧、次卧、书房、厨房、阳台、2 间卫生间。

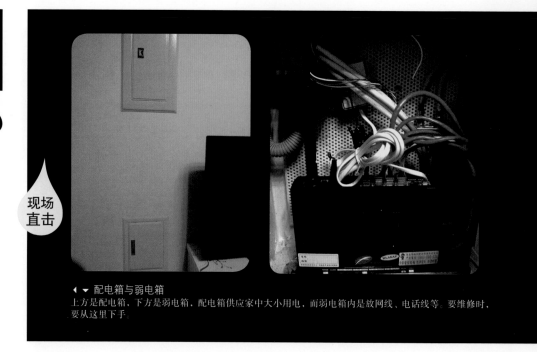

现场
直击

◀ ▶ 配电箱与弱电箱

上方是配电箱，下方是弱电箱，配电箱供应家中大小用电，而弱电箱内是放网线、电话线等。要维修时，
要从这里下手。

Tips

血泪领悟 123

安全+第一

① ▶ 列出全家的电器，包括未来会用到的，然后找"专业的"水电师傅好好规划回路数量。

## [九] 地暖

地暖有分水暖或电暖，此处是指用发热电缆的地暖，配几个回路要视使
用功率大小而定。一般16A回路可承受功率3200W的电地暖，但为了安
全，使用功率会减20%，所以是2816W，约是36平方米所需电量；若地
暖铺设面积大于36平方米，最好再增设一回路。

好，了解了回路设计的概要后，我们回头去看July家的配电箱。与旧电
箱相比，她家花了500元换的新电箱，表面上是新的配电箱，也增加了
回路。但为什么电热水器加浴霸一起用就会跳闸？这是因为卫生间才配
1个16A回路，所以只要电热水器跟浴霸一起用，或再加上吹风机，超过
电流量16A，就会跳闸了。那一个回路多少用电量才不会跳？这个下一
篇再聊。

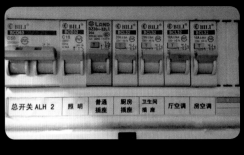

| 总开关 ALH 2 | 照 明 | 普通插座 | 厨房插座 | 卫生间插座 | 厅空调 | 房空调 |

◀ 配电回路实例解析

这家配电照明单独1回，厨房、卫生间插座都独立1回，空调2回；除了照明以外，每回都有装漏电断路器（这样比较好）。加上总开关，整个配电箱是8回。图片提供__上海强哥

▶ 专属回路提升影音效果

影音柜可以单独配一个回路，声音质量会更好。

 ▶ 空调、大烤箱等大功率电器，记得要给一个专用回路。

 ▶ 若考虑到日后扩增回路的可能性，配电箱最好一开始就设计16P以上。

 must know
你应该知道

# 回路与专用回路的不同

为什么有的写"回路"，有的写"专用回路"？姥姥来解释一下：一般回路是一组电线会跳接好几个插座，专用回路是指一个回路上只设一个插座或一个电器，如空调、大烤箱、电热水器等，因为这些电器用电量大，专用回路不易发生电路超载。

▶ 厨房大功率电器多，就要用专用回路。
图片提供_尤哒唯建筑事务所

# 怎么又跳闸了(二)：
# 单一回路的电量算法

苦主 _ 浙江大 J

## 最不便！
## 使用家电，
## 还得错开时间搞"宵禁"

| 事件 |

我家有点现代乡村风，装修还挺好看的，但住了不久，我们就有用电上的困扰，就是微波炉与烤箱不能一起用，不然会跳闸。当年老房子翻新时，我没注意到电的问题，以为设计师都会配好，后来朋友跟我说，这是由于家里用电回路没有算好。于是打电话去问设计师，他说"只要"不同时用就不会跳闸了。当年我可是付了水电钱的啊，为什么现在用个电器也有"宵禁"？但装都装了，好像也没办法换了（哭）！

入墙式的大型微波炉或烤箱，若配电回路没做好，电器一起用时，就易跳闸。

现场
直击

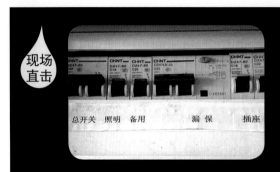

总开关　照明　备用　　漏保　　插座

◀ 一般家用回路最常装 16A 或 20A 的空气开关，以 16A 空气开关为例，用电量超过 16A 时就易跳电。回路下方也最好标明是那个地方的用电。图片提供 _ 上海金库桑单一回路的用电量如何算？安培又是什么？这似乎不是我们需要知道的事，但因为有的水电师傅也不清楚，结果就会造成家里跳闸。若能多知道一个基本概念就能多一个保障，过起日子来也安心得多。

单一回路的用电量如何算，不少达人建议不必写，一来因为变量太多，二来交给专业的水电师傅即可，但姥姥觉得还是说一下好，因为通常预算有限时所找的水电施工队，大部分都不太会算或懒得帮你算。虽然政府规定有照师傅才能上岗，但水电这行多是师徒制，师父有执照，不代表徒弟也有，而来你家换水电的，可能就是徒弟。另外，就算是带证的，姥姥也看过一堆装错的、不会算的。

所以，我们还是靠自己好了。

### 回路=电路上所有插座的用电量

所谓一个回路，是指一组正负极电线（火线与零线），而这组电线会负责灯具或电器的供电。一个回路能承载的电量，就是电路中所有插座上"同时使用"的电器用电量总和，而总和不能超过电线能负荷的电流量。

一个回路电线在配电箱中会连结一个空气开关，去打开你家的配电箱，看看里头的空气开关是几安培的。

### 安培=电流量单位

好，又来一个专业名词：安培。这是电流量的单位，我们常看到"16A"的数字，就代表16安培，指可承受最大电流为16安培（但为安全起见，建议配少一点点，不要真的配到刚刚好。）

那安培数怎么算呢？最难的，也最正确的是算"功耗伏安与功率因数"，然后再OOXX@#……，但我觉得那太难懂了，我物理只拿34分，看到这些都头大；还好，有个简单算式很接近安培数。

安培 A ＝功率瓦数 W ÷电压伏特数 V（暂不计入功率因数）

用这个算式来看一下家里的电器，电器的背面或底下或使用说明书上，

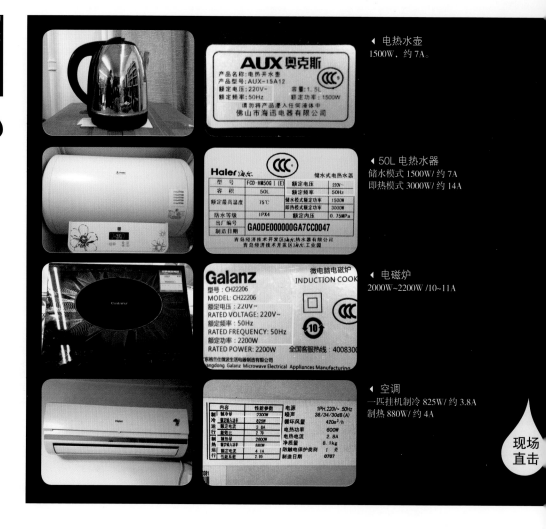

◀ 电热水壶
1500W，约 7A。

◀ 50L 电热水器
储水模式 1500W／约 7A
即热模式 3000W／约 14A

◀ 电磁炉
2000W~2200W／10~11A

◀ 空调
一匹挂机制冷 825W／约 3.8A
制热 880W／约 4A

现场
直击

都会标示使用所需瓦数或电流量，如电饭锅，650W/220V=2.95A，就算3A好了。姥姥帮大家先查了一下各电器的电流量，做了两个表，放在右页可参考。

前面说过了，一个回路就是电路上同时使用的电器用电量总和。所以，拿16A的回路来看，就可以把电饭锅（3A）+微波炉（4A）+烤箱（4A）+冰箱、果汁机、灯具等（4A）=15A都安排在同一回路；但若再加一台豆浆机（3A），这回路就承载了18A，就会跳闸。

不过，这也是预设微波炉与烤箱开到最大的结果，若没用到最大火力，或者两者不同时开是不到16A的，而即使同时开，开的时间不长，空气开关还没感应到，也不会跳闸。这也就是为什么网友大J的设计师会叫她不要同时开的原因。

## 高耗电 VS. 低耗电电器

安全 第一

### 高耗电的电器

| 使用电流量 | 电器类型 | 电压数 |
|---|---|---|
| 10A~16A | 空调 | 三匹柜机制冷 2300W/ 约 10A<br>制热电辅 2600+2500W/ 约 23A<br>二匹柜机制冷 1600W/ 约 7A<br>制热电辅 2500W/ 约 11A<br>一匹壁挂制冷 825W/ 约 3.8A<br>制热 880W/ 约 4A |
| | 50L 电热水器 | 储水模式 1500W/ 约 7A<br>即热模式 3000W/ 约 14A |
| | 电磁炉 | 2000W~2200W /10A~11A |
| | 暖风浴霸 | 开暖风 1200W~2000W/ 约 5A~10A |
| | 地暖 | 30 平方米约需 1800W~3600W，约 8A~16A（注1） |
| | 380V 蒸烤炉 | 3500W~5000W/ 约 9A~13A |
| 6A~9A | 吹风机 | 1600W/ 约 7A |
| | 30L 微波炉或 20L 烤箱 | 1200W~1300W/ 约 5A~6A |
| | 电热水壶 | 1500W/ 约 7A |

注 1：地暖的用电量算法为每平方米约需 60W~120W，视各品牌规格而定。
注 2：此表仅供参考，电器依品牌不同，使用电流量也会不同。

### 低耗电的电器

| 使用电流量 | 电器类型 | 电压数 |
|---|---|---|
| 2A~5A | 5L 电压力锅 | 900W/4A |
| | 果汁机、豆浆机 | 不到 750W/ 不到 4A |
| | 暖风器 | 600W/ 不到 3A |
| | 25L 以下微波炉 | 700W~1180W/3.2A~5.4A |
| | 电饭锅 | 645W/ 约 3A |
| 1A~2A | 节能冰箱 | 约 1A |
| | 加湿器、电视、灯具 | 不到 500W/ 不到 2A<br>一般电器不到 2A |
| | 灯具 | 一般不到 1A |

注：此表仅供参考，电器依品牌不同，使用电流量也会不同。

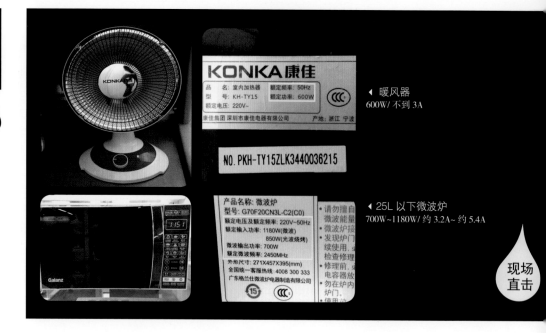

◀ 暖风器
600W / 不到 3A

◀ 25L 以下微波炉
700W~1180W / 约 3.2A~ 约 5.4A

现场
直击

## 高耗电电器不要放在同一回路

在现实世界是一般厨房只设1个回路,对,也没装漏电断路器(唉,千万别省这种小钱)。所以,知道哪些电器会同时使用,这对规划回路很重要。原则就是高耗电的电器不要放在同一回路,要高低配,所以像大型微波炉及烤箱(小型的就无妨)、电磁炉最好分配在不同的回路中。

这部分有点烦对不对,哈,没关系,不然还是找个专业的水电师傅,你把家里有的电器列给他就好了,他会帮你算。

## 空气开关不是装越大越好

一般常见回路的空气开关是16A或20A,但常有房主怕跳闸,会要求空气开关装高安培,如装到25A或32A。其实这是错误思想,空气开关(以下简称空开)跳闸是好的,是保护我们。而不是认为跳闸就代表配电设计不佳。这个观念一定要改过来。

再来,空开若没有与电线同步提升的话,装越大的安培数,反而越危险。为什么呢?

前头说过,一个回路的组成有空开、电线与回路上使用的电器,这三剑客的安培数安排是:

电器总用量 ≤ 空开(或漏电断路器)≤ 电线

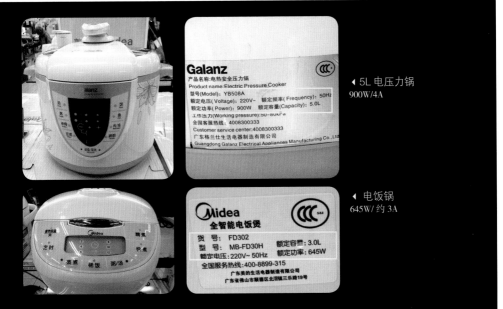

◀ 5L 电压力锅
900W/4A

◀ 电饭锅
645W/约 3A

OK，可怕的国家标准又要出场喽，这个类公式是《民用建筑电气设计规范JGJ16–2008》第7.6.5条规定，电器之前教过怎么算了，空开也是一翻两瞪眼，上头写几A就几A，比较麻烦的是电线载流量。

家用电线多是单一铜芯实心线。依据实心线的截面积大小又分1.5、2.5、4、6平方等，不同大小的电线可承载的最大电流量（简称载流量）也不同。但好玩了，姥姥在查资料时（真的，海淘到快发狂），因为同一条电线，从卖线的厂家到百度，讲的安培数都不一样。以1.5平方线为例，15A到19A都有人写，那到底是多少呢？还好，有好心的洪七公帮忙查到国家标准《建筑物电气装置GB/T16895.15》第523节中的资料：

1.5平方线只能承载最大电流14.5A。

好，为什么空开不是越大越好，来举例说明。一个插座回路，所有回路上电器载流量是9A，那该怎么配呢？

用1.5平方电线，因为载流量为14.5A（大于电器），空开搭10A（小于电线大于电器用量）。这样若插座上多加电器用到15A的电量，因超过10A，空开立刻就会跳闸，就是告诉我们"电线要烧掉了"。

但若改装16A的空开，问题就来了。虽然电线已有燃眉之急，会烧掉，但是15A的电流对16A的空开而言，仍在"可容许范围内"，所以空气开关根本不会跳闸。这样懂了吗？绝对不是空开的安培数越大越好，反而危险。

那家里的灯具、插座、空调回路等要用多少平方线配几A空开呢？我们再来举几个例子：

若厨房插座回路，将电饭锅、微波炉、烤箱、冰箱、电热水壶等最大用电量加起来若是20A（插播一下，最常见的5孔插座载流量是10A，记得同插座电量不能超过10A哦），这时有两种做法：

方案A：用4平方线单一回路，因可承载26A，再配20或25A的漏电断路器。
方案B：分成2个回路，用2.5平方线，每个可承载19.5A，漏电断路器搭16A。这个方案会比较好，对插座的保护性比较高。

但要注意每一插座回路上的插座数量不宜超过10个①；若是照明回路，电流不宜超过16A，光源数量不宜超过25个（真好，国家规范白纸黑字写得真清楚，照抄即可）。

再来举例专用回路，如空调、地暖、电热水器或大功率电器。

像1.5匹以下的冷暖空调，最大用电量在制热，不到10A，就可接1.5平方线，搭10A的空气开关；若是3匹的柜机，制热会达25A，就需装4平方线(26A)，搭25A空开。但因为空调开的时间较长，达人也建议电线可用粗一点的6平方(34A)，空开用32A。

还是不会算吗？没关系，姥姥将各规格电线能承受的电流量做了一个表（见右），大家只要按表操课就好了。

不过，在现实世界中不少水电师傅都不会照规范来配。有时就是会安装"高一点点"的安培数，像2.5平方最常配20A。为什么呢？一是认为2.5平方载流量大于19.5A，前头说了，有厂家写是26A，虽然与国家规范

---

**❶**：根据《民用建筑电气设计规范》第10.7.8条，与10.7.9条。

Tips
血泪领悟123
安全第一

①　▶ 单一回路的用电量，就是电线上所有同时使用的电器用电量总和。高耗电电器，如蒸烤炉、电热水壶、电磁炉等最好不要在同一回路。

不同，但我们可选择相信或不相信，相信的人，就可以用20A。

另外一个因素是：只要跳闸，不但会被房主骂，也要再跑一趟维修。所以房主的观念一定要改过来，跳闸要先看原因，那种乱配一通的就可以拖出去斩了；但若是因为有漏电或配电安全设计而跳闸，反而是好的，应好好与水电师傅找出原因，给大家看看，"我们房主也是很专业明理的"。

## 墙内电线最大承载电流量

| 电线截面积 | 载流量 | 空气开关 | 常用回路 |
|---|---|---|---|
| 1.5 平方 | 14.5A | 10A | 灯具 |
| 2.5 平方 | 19.5A | 16A | 灯具、插座、厨房、卫生间、2匹以下空调、电热水器专用 |
| 4 平方 | 26A | 25A | 专用回路为佳，如大功率电器、地暖、大二匹空调 |
| 6 平方 | 34A | 32A | 专用回路为佳，超大功率电器、3匹以上空调 |

注1：这是以最常见的家庭配电状况所给的建议，但配电会因环境气候、管子内有几条线等因素而不同。

注2：姥姥建议电器总载流量可比电线载流量小一点。

### GB/T 16895.15—2002

表 52-C1 表 52-B1 中敷设方式的载流量值(A)

PVC 绝缘，二根带负荷导体，铜或铝

导体温度:70℃,环境温度:30℃(在空气中),20℃(在地中)

| 导体标称截面 mm² | 表 52-B1 的敷设方式 | | | | | |
|---|---|---|---|---|---|---|
| | A1 | A2 | B1 | B2 | C | D |
| 1 | 2 | 3 | 4 | 5 | 6 | 7 |
| 铜 | | | | | | |
| 1.5 | 14.5 | 14 | 17.5 | 16.5 | 19.5 | 22 |
| 2.5 | 19.5 | 18.5 | 24 | 23 | 27 | 29 |
| 4 | 26 | 25 | 32 | 30 | 36 | 38 |
| 6 | 34 | 32 | 41 | 38 | 46 | 47 |
| 10 | 46 | 43 | 57 | 52 | 63 | 63 |
| 16 | 61 | 57 | 76 | 69 | 85 | 81 |
| 25 | 80 | 75 | 101 | 90 | 112 | 104 |

◀ 墙内电线最大承载电流量的表格数据，是参考国家标准《建筑物电气装置 GB/T16895.15》规定。

2 过负荷保护电器的动作特性应同时满足下列条件：

$$I_B \leqslant I_n \leqslant I_z \qquad (7.6.5\text{-}1)$$
$$I_2 \leqslant 1.45 I_z \qquad (7.6.5\text{-}2)$$

式中 $I_B$ ——线路的计算负荷电流；

$I_n$ ——熔断器熔体额定电流或断路器额定电流或整定电流(A)；

▶ 配电线路可负荷电流，则是参考《民用建筑电气设计规范》。

▶ 插座单一回路插座数量不宜超过10个；若是照明回路，电流不宜超过16A。

▶ 空气开关不是安培数越高越好。回路若用 1.5 平方电线，空气开关以 10A 为佳；用 2.5 平方电线，空气开关以 16A 为佳，20A 安全会差一点点。

# 电线用了黑心货，超怕随时短路起火

我很后悔

苦主 _ 东莞阿肥

## 最担心！
## 小小电线大学问，
## 配电不佳电线烧毁

| 事件 |

朋友到我家都会问我："你家不是才刚装修完？为什么还要重拉电线走明线？"答案很简单，就是暗线烧掉了。原本的装修师傅也联络不上，不接电话，只好再重新找一位，就改用明线的方式重新布线（哭）。

原本墙内电线烧掉后，又再接新的电线走明管。

图片提供＿阿肥

现场直击

▶ 配电箱中会有两排端子排，其中一个就是黄绿接地线，有些师傅偷工时会没接上！

电线送到家时要看一下制造日期，最好使用 3 年以内的电线。电线绝缘皮的耐用年限约 15~20 年，但就是会有些人会买库存电线，或不知哪里拆下来的二手电线。另外，每条线都有最大可承载电流量，回路配电不能超过安全值。

 水电最重要的一步就是找到有执照又专业的好师傅，因为水电关乎人命安全，找到好师傅，以下就不必再看了。不过，理论是如此，但实际情况是，我看过有证的师傅，仍做得马马虎虎，也看过30年经验的老师傅乱做一通。

家里装修被用了黑心电线，不只发生在东莞，台湾也曾发生过，原因都一样，就是师傅想省点钱。反正房主与设计师通常不会看电线，看也看不懂，很好蒙混过关。而且这个家又不是他们住，到时电线走火也不关他们的事。

### 制造年代要在3年内
所以"有交代"要用合格的电线是很重要的。合格的电线上会印上检验认证"CCC"的字样，电线送到家时，也要看一下制造日期，最好使用3年以内的电线。一条电线绝缘皮的耐用年限约15~20年，就是会有些人会买库存电线，或不知哪里拆下来的二手电线。

从颜色上看，电线有很多种颜色，是为了区分相线（俗称火线，有电的）、零线（中性线）与地线。但姥姥在找电线资料时，发现一个怪现象，就是各厂家与设计公司说的都不一样。有的说，火线一定要用红线，有的说什么颜色都可以；零线也是一样，大家对用什么颜色看法不一。

还好，我有找到国家公告的《住宅装饰装修工程施工规范GB 50327–2001》（这名字还真的很长啊），我们来看 16.1.4 条的规定：

配线时，相线与零线的颜色应不同；同一住宅相线(L)颜色应统一，零线(N)宜用蓝色，保护线(PE)必须用黄绿双色线。

姥姥来翻译一下：相线就是火线，没规定颜色，但全室要统一一个色

电线铜芯有分单一铜心的
实心线（左图）与多股铜
线的绞线，家居装修以实
心线为主。

▼ 合格电线上的详细标示
电线上头会印上制造公司名称与线径截面积，如
1.5mm²，还有最重要的安全认证CCC。图片提供_阿肥。

▼ 要注意制造日期，最好在3年内。

Tips
血泪领悟 123

安全＋第一

① ▶ 电线要指定有 CCC 认证的品牌，出厂时间最好不要超过 3 年。

② ▶ 地线一定要接，且一定要用黄绿双色线。

（大部分是用红色），不能红的黄的混用；零线最好用蓝色，因为是用了"宜"这个字，也没强迫性，但我建议就用蓝色；保护线就是地线，"必须"用黄绿双色线。

为什么我会建议火线＝红、零线＝蓝、地线＝双色线？因为这是最普遍的用法，可避免日后维修换灯具或换电线时，师傅因判别错误弄错线。

电线工法中另一个要注意的是地线，因为最常被"省略"掉。在配电箱中，会有两排铜排，一个接零线一个接地线。接地线可让用电更安全，但有的师傅会偷工，不接地线。结果就可能会触电，这要小心。

常见 3 色家用电线

▲ 家用电线常见的 3 种颜色，红线是有电的，蓝线为零线，黄绿双色则为地线。

▲ 电线送到家时，就是这样一捆一捆的，要检查一下外观，有无破损。

▲ 电线有许多颜色，若不统一，日后师傅来维修时，易搞错线。

现场
直击

图片提供 __ AYDESIGN

▶ 全室电线最好是火线红色、零线蓝色。

▶ 插座背后底盒，火线与 L 极相接、零线接 N 极、地线接中间的接地极。

must know
你应该知道

插座后方也要接地线

安全＋第一

插座最常见的是 5 孔产品，背后底盒会有接电线的孔，标示 L 的接红色火线，标示 N 的接蓝色零线，在 L 与 N 极孔中间会有一个接地的孔，就是接地线。

插座是安装好后藏在墙里的，一般不会打开验收。根据大陆网友与设计师的悲惨经验，曾有后方"没接线"的（因为电器无法用，最后打开插座才发现根本没接线，这个真的很扯）；也有"不接地线"的，这个也是触电后，才发现的；较常见的就是"不照规定的色线接线"，插座后方全是红线或蓝黑线，造成维修时搞不清谁是谁。

所以最好在水电施工时，就到现场检查。那时插座不会固定好，可以好好看一下背后接线情形。

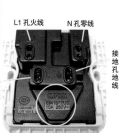

L1 孔火线　　N 孔零线

接地孔地线

L 孔火线

▲ 插座后方插孔都有规定零线、火线或地线位置。要注意一般 5 孔插座的耐电流是 10A。

# 05

# 插座设计乱糟糟，
# 有时不够用，有时没有用

我很
后悔

😢 苦主 _ 网友 July

## 最遥远！
## 一延再延的插线板，
## 我们一家都是线

| 事件 |

我家装修一年后，就渐渐发现"插座不够用"，当时没特别注意插座的设计，真的很后悔。有的插座是中看不中用，因为位置不对，根本不会插到；所以家里常会另拉插线板，有很多电线，很不好看，也常为藏电线而伤透脑筋。

▲ 插座不够用，只好再多拉几条插线板。

▲ 微波炉应有专用回路与插座，但因规划不良（正确讲是没规划），最后还是得靠插线板。

现场
直击

▶ 诡异的插座位置
设计在楼梯第一阶旁的插座，从未用到过，不知道当时设计在这里，用意为何？

◀ 吧台加插座
吧台上设计插座，早餐时用烤面包机很方便。

> 如何解决插座数量不足的问题，首要就是列出家中所有电器数量，然后好好跟专业师傅讨论个七天七夜；记得，在水电工程进场前，就要讨论好，包括各种设备、电器的位置，好让插座能充分发挥所长。

插座老是不够用吗？其实这多是配电设计规划不佳造成的。

姥姥一直很希望有个像乔布斯一样聪明的人，能赶快发明可以用蓝牙的家电，让插座与电线消失。可惜，短时间内还无法实现。所以装修前，一定要找一个专业的水电师傅花个七天七夜一起商讨。这个电的部分，水电师傅比设计师重要，因为许多设计师不懂电，最好与两位一起谈，三个臭皮匠胜过一个诸葛亮。

有找设计师的人可出插座灯具图，那没有找设计师或是施工队没办法出插座图的人也不用担心，只要买个粉笔，可与水电师傅一起把插座预先画在墙上，看看位置好不好用。

### 插线板，只增插座孔不增用电量
姥姥家就是插座设计不佳的最好范例，经历过两次装修，因为当时都不了解用电的重要性，所以未做完善的规划（饮恨至今）。最后的做法，也只能靠插线板，甚至在厨房就接了两条，这其实非常不好。

姥姥插播一下，请大家记得，插线板只是多增加插座孔，但并没有增加这个回路的用电量，不要以为有孔可插，就代表可以同时使用这些电器。若插线板上有微波炉、电热水瓶或电暖炉等耗电量大的电器，最好将它们单独使用，不要同时使用。

那为什么还要用插线板？嗯，当然，能不用就不用，但没办法，家里插座不够，用插线板有个好处，至少不必在用果汁机时，还得把烤箱的电线拔来拔去。

如何解决插座数量不足的问题？在规划插座位置前，有两点得注意：
▸ 要列出你家所有的电器，包括未来要用到的（插座与回路是同步设计的，所以这点是一样的），记得在水电工程进场前，就要和师傅讨论好。

正确工法

▲ 在水电施工前，就要规划好插座位置

插座位置得在水电施工前确定，规划好电器摆放的位置后，插座就可定位，如左图中的一排插座，就是提供给电器柜里的烤箱、微波炉、电饭锅使用，这样的话厨房就看不到电线了。

▲ 橱柜台插座，勿近水火

橱柜台插座，主要是方便打果汁或豆浆。但不能太近水槽或煤气灶，如图中插座就应往左移。

## Tips

血泪领悟 123

① ▸ 规划用电回路时，同步把插座数量算好。

② ▸ 插座的位置可藏在家具或厨具的后方，外观会较好看。

▸要安排好家具摆放的位置，尤其是电视与音响、电脑与周边设备等。因为插座的位置可藏在家具或电器后面，像烘碗机、电热水瓶（或饮水机）、抽油烟机等后方，也可以规划在电器柜柜身里，这样放入烤箱 、微波炉 、电饭锅后，就看不到电线了。

厨房的电器插座现在多由厨具公司负责规划，但有的公司不懂插座设计原则，要提醒一下，橱柜台上的插座不要太靠近水槽或煤气灶，水槽下净水机的插座也不要离水管太近，以免漏水时把插座泼湿。

不过，有设计工作室提醒，插座也不是数量多就能解决所有的问题，因为若回路没规划好（不懂的请再回去看回路篇），多插座就只是插线板的翻版，还是会跳闸。多插座仍要配合多回路的设计，但如何取得安全与实用美观的平衡，这门学问就叫“配电设计” ，里头包含数学题与社会题，要精密计算与均衡分配，才能安全用电又方便。

▲ 算算看，你需要几个插座

以此厨房为例，插座的位置分别为：A 冰箱、B 电器柜（有 3 个）、C 烘碗机、D 水槽下净水机、E 橱柜台墙面、F 抽油烟机、G 橱柜上、H 吧台上，共 10 个插座。

▲ 橱柜插座不可接近台面

橱柜或餐柜上的插座，不要太近台面，以免饮料打翻时容易溅到。

 厨房中除了固定的专用插座外，还要计算同一时间内会使用到的电器需要多少插座。

 插座高度要看顺不顺手，装修前可在墙上画，实地测试后再动工。

🔊 must know
你应该知道

## 插座数量实例试算

怎样看插座数量够不够呢？我们来试算一下插座的数量，以一般厨房为例，先列出所需的电器设备：

1.设备 ▶ 烘碗机、电热水壶（或净水机）、抽油烟机、冰箱，各有一个专用插座，因位置特别，只能自己单独用，无法与别的电器共享的插座，共 4 个。

2. 常用家电 ▶ 烤箱、微波炉、电饭锅，多设计在一个电器柜中，各有一个专用插座，共 3 个。

3. 偶尔用的家电 ▶ 这部分家电可共享插座，以可能用到的家电来计算，如早餐时

会用到蒸东西的电饭锅、豆浆机（或果汁机）、烤面包机，这部分可共享插座，附 2 个插座即可。

所以，一般厨房理论上要有 4+3+2=9 个插座。

但像姥姥家，看得到与看不到的加起来，只有 5 个插座，扣掉不能分享的抽油烟机与冰箱插座后，剩下能用的只有 3 个插座。这就造成每天煮三餐时，电饭锅电线常要拔来拔去，非常不便，就只好使用插线板了。

083

姥姥一直很后悔，当初家里没好好做配电设计。我家常搬家具，书桌今天在书房，明天就在客厅。但当桌子搬到客厅时，就发现这面墙没插座，天啊，于是我家就有许多沿着墙壁墙角走来走去的电线，我去买了配线槽，但都不好看，且有的地方常常走过就踢到（尤其是我家有个非常粗心的小孩），非常不方便，所以……

### 提醒 1 常搬移家具，插座得多安装

若你热爱家具，常常把家具当小孩，把自己当孟母，有事没事就爱把家具搬来搬去；或是喜欢把家具当哑铃，老在家里练习乾坤大挪移，电视、电脑、音响等都常搬来搬去，那客厅或书房等地方，最好每面墙都留个插座与网孔。网孔很重要，别忘了安装。

▲ 客厅书房最好都留网络插座。

▲ 若你家家具常常挪位，最好客厅沙发处也装插座，以免日后此墙改放电视。

### 提醒 2 木柜内留线槽盒，集中藏线

电视柜或书桌若是木工做的，可留线槽盒的位置，集中管理与隐藏电线。另外，插座的高度要算好，藏在壁挂电视的后方或电器柜的后方。

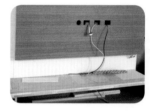

▲ 若是木工做的电视柜，可以做个线槽孔（如右图），没有做木电视柜的人，可以请瓦工师傅在电视墙上挖洞埋入 PVC 管，上下端做活动孔，也有隐藏电线的功能。

### 提醒 3 书桌不靠墙，可设地板式插座

有时餐桌或书桌会放在空间的中央，不靠任何墙，若有插座需求，可设计地板插座。像姥姥家的大餐桌放在客厅，我的电脑也放桌上，电线就只好跋山涉水经过地板才有插座，很不方便。但做地插有个前提，就是必须重做地板，因为地板要切沟让管线过去，不换地板的，就比较难有此设计。

◀ 地板插座常设计在不靠墙的桌下。

**提醒 4　智能马桶需预留插座**

马桶后方多留个插座，以后若要加装冬天也可让人感觉温暖和无限幸福的智能马桶座时，就不必到处找插座了。记得装漏电断路器，可与卫生间漏电回路共享。

◀ 马桶后方留个插座，方便安装智能马桶座。

**提醒 5　电话数量与置放处，要纳入规划**

房间要放电话或电视吗？还有要把家当个人工作室的人，如果要配第二个及第三个电话，则也要把家里的电话插座纳入规划，不应该只考虑客房和书房！

▲ 电话插座与其后线路的样子。　▲ 电视孔与其后线路的样子。

**提醒 6　影音设备插座，得预先定位**

器材音响放在哪呢？也要好好想想，影音设备多，像CD 机、调频收音机、DVD 机等就需要两个插座，再加上电视、Wii（家用游戏机）等，又要再多两个插座（若还有什么高档电器请自己加上）。

◀ 只要先规划好，影音设备的插座就可完全被隐藏。

**提醒 7　化妆台旁也需插座**

习惯在化妆台吹头发弄造型的女性同胞，别忘了在化妆台放个插座。

▲ 化妆台附近的插座，可供吹风机或小台灯使用。

**提醒 8　插座要与水保持距离**

再次叮嘱，像厨房水槽附近容易被水泼溅到的地方，不适合安装插座哦！

▲ 像这个插座就太近水槽，装得不好。图片提供 _ 叙荣

水电工程

# 06

灯具开关不顺手，
老在家里来回跑！

我很后悔

苦主 _ 台北 Lu

## 最麻烦！
## 卧室床头没开关，
## 睡前还得再下床

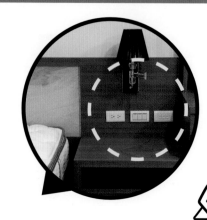

卧室床头也要设主灯开关，这样睡前就不必起身去关灯了。

| 事件 |

我有找设计师，也画了设计图，但后来因工程费超出预算太多，就自己找施工队施工。我本以为设计图会把所有灯具开关标好位置，但施工后，发现卧室床头柜没有开关。我习惯在床上看点小书才睡，这样就得起床去关灯，再回床上；早上起床也是要下床才能开灯。当初有跟施工队要求再牵个开关，但施工队不肯，一直说这样就差不多，只走几步路而已，但这几步路，我觉得很不方便。后来施工队说那就再加钱，唉，我看已经没预算就算了。但现在还是好后悔，当初应该要做的。

现场直击

▶ 玄关设置客厅主灯开关
客厅主灯开关要设于玄关，进门、出门时就随手开灯关灯，不用再跑进跑出。

▲ 家中的行走动线，也是最适合安置开关的地方，如厨房灯的开关，可设在从客厅到厨房的走道上。

开关，是装修中再小不过的细节，但却和生活便利紧密相连。在设计图上设好开关位置后，可以先预演，试着把所有开关的位置画在墙上，然后走一圈，测试高度适不适合、顺不顺手，这个测试要在水电师傅进场前完成，这样才不需要再次更改施工。

灯具开关只是个小细节，但就是常常被忽略。姥姥我自己的家跟网友Lu一样，原本以为施工队会帮我们想好，他们那么熟练了，比我们更知道"什么叫便利"。但就是会碰到一些粗心的师傅，虽然概率很低，比中彩票头奖还低，但概率这个数字绝不能相信。你看，研究指出，中彩票头奖比被雷打到的概率还低，但在台湾，几乎常常都有被雷打到的人，有时还一次打到两三个。

装修也是一样，我们大家都不知道何时会被雷打到。

靠施工队，靠口碑，真的不如靠自己。不管是设计师还是师傅，画好开关图后，一定要在家中实验一遍，实地测试好不好用。

首先，先把所有开关的位置画在墙上（一般开关是离地140cm），然后走一圈，测试高度适不适合、顺不顺手，重点是要与生活习惯相合。这个测试要在水电师傅进场前完成，这样才不会二次更改施工。

姥姥我曾进过一间卫生间，门附近内外都找不到开关，又很急了，还好主人记起来我是第一次到她家，立刻贴心地在客厅里喊："在洗手台的上方。"天啊，怎么把开关放在这里呢？旁边还跟着插座，水很容易溅到，易锈易漏电。

后来主人才解释，这是当时她要求镜子附近要明亮，也要方便插吹风机。于是施工队就照她的意思做了，但却没有告知她易发生危险。唉，虽是房主的要求，但好的施工队绝不是房主说什么就做什么，应该要讲明优缺点，再让房主做决定才是。

五大空间，开关设计重点
好了，我们来看一下各空间的开关设计要注意什么：

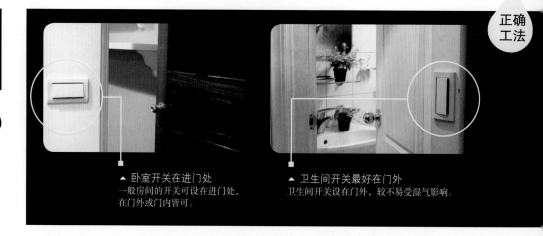

正确
工法

▲ 卧室开关在进门处
一般房间的开关可设在进门处，
在门外或门内皆可。

▲ 卫生间开关最好在门外
卫生间开关设在门外，较不易受湿气影响。

### 1.玄关

从进门开始，最常开哪个灯呢？不是玄关灯吧，而是客厅灯。所以，客厅的开关应在玄关处。另外玄关最好安个感应灯，如此大门一开灯会自动亮，不必在黑暗中找灯的开关。

### 2.客厅

因为灯经常开来开去，可在动线上设置前后两个开关，采用双边控制，会更方便。若主灯有3段式灯光，可请施工队设为多段式开关（同一个开关根据按压次数不同来决定灯具亮多少盏）。吊顶嵌灯也可以做分段开关控制，一次开2~4盏灯，有需要再全开，这样比较省电。

若有装电视灯，沙发附近最好也有电视灯的开关，而不是安在电视那端，这样坐在沙发上不用起身，就可控制灯光。

### 3.卧室

最好在床头与进门处都设开关，可双边控制，这样睡觉前，就不必再起身去关灯。对习惯在床上看书的人而言，会很方便。

### 4.卫生间

一般房间或厨房、卫生间的开关，都是装在进门处，门外或门内皆可。但卫生间装在门外较佳，因为开关面板内有电线，装门内的话，卫生间湿气重，易锈易触电。

### 5.楼梯

在最上端与最下端都要装开关，且设计成都能开与关的双边控制。这样不管是上楼或下楼就都可有灯光相伴，不必摸黑爬楼梯。

◀ 嵌灯分段开关，更省电

不少人在家里的天花板做了一排排嵌灯，但并不是每次都需要火力全开，因此在开关的设定上，记得要分段切换，有时两个灯，有时四个灯，视需求而定。

▲ 楼梯开关可双边控制

楼梯的开关要上下都设一个，且可双边控制。只做一边，完工后就会悔不当初，要上楼梯时摸黑冒险，要不就是下楼时伸手不见五指边走边抖。

Tips
血泪领悟123

① ▶ 客厅与卧室主灯都要设计双边控制，会较方便。

② ▶ 开关位置设计在动线上为佳，卫生间开关设计在门外，比较安全。

## ◀)) must know 你应该知道　　开关装在动线上为佳

除了针对单一空间来思考开关位置，另一个要考虑的，则是动线。所谓动线，就是你家从客厅走到饭厅、饭厅到厨房、客厅到卫生间、客厅到卧房等路线，因常走动，开关装在动线上会较方便。

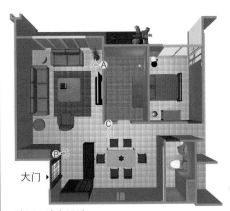

大门 ▶

绘图__读力设计

拿我朋友家做例子，这是她家平面图，客厅的主灯开关设在A处，也就是大门的对角线最远端，所以每次出门时，她都要绕到A处去关灯。

B处也有设开关，但主要控制的是玄关灯与客厅到餐厅的走道灯，问题是，她每次回家，主要是待在客厅，所以会开客厅灯，而不会开玄关灯与走道灯，因此还是得走到A处去开灯。

我说的最好在动线上设开关，指的是像B与C这两处，都在动线上，从玄关走向客厅会经过B，从客厅走向餐厅会经过C，但都不会经过A，所以在B与C上设开关会较方便，都比A好。

水电工程

# 07

# 防断电闪屏，
# 布线管6大原则

我很后悔

苦主 _ 上海 Jacky

## 最糊弄！
## 电线塞爆电管，
## 走火儿率高

| 事件 |

我家装修好后，请了一位懂水电的
朋友来验收，他一看到电管就摇
头，因为电管中塞满了电线，经他
解释，电管内塞太多电线，管温会
升高，日子久了电线就易出问题，
如表皮破损或走火。还好有请他来
看，不然等瓦工来把水泥糊好，我
就什么都看不到了。

电管内被塞太多电线，日
后易有危险。

现场
直击

▶ 线管要用管卡或水泥封住固
定。图片提供 _ Jeff

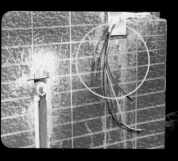

▲ 一个线管内的电线不能超过 8 根。
图片提供 _AYDESIGN

> 布管原则是，强电在上，弱电在下，各走各的，水平距离至少50cm，避免彼此干扰。干扰会带来什么麻烦呢？那台砸大钱买的电视可能会闪屏，或在线游戏正杀到火热时断线，这怎么行呢？

 线管就是用来保护电线的管子，也叫电管、走线管等，最常见的材质是用PVC，那最常见的布管原则呢？我们一一来看：

## 1.同一回路电线要走同一电管内，管内总根数不超过8根

根据《住宅装饰装修工程施工规范GB 50327-2001》（是的，国家规范又来了），一根管子内最多走8条电线。这个浅显易懂，但就是有水电师傅会忘了，与Jacky有相同悲剧的网友不少，常到姥姥的博客投拆，房主验收时要特别注意。

## 2. 电源线与通讯线不得穿入同一根管内

家里的配电箱有两种，一种是供插座与电器使用的强电箱，另一个就管电视、网路的弱电箱。这两种电线不同，不能放在同一根线管内。

## 3. 强电在上，弱电在下。强弱线管水平距离不能小于50cm

电源线管就是强电管，通讯线管则称弱电管。布管的原则是，强电走吊顶或墙体，弱电走地板，各走各的，水平距离至少50cm，是要避免彼此干扰。干扰会带来什么麻烦呢？那台砸大钱买的电视可能会闪屏，或线上游戏正杀到火热时会断线，这怎么行呢？所以强弱电管一定要保持距离。

但装修场上的变数比量子力学还复杂，有时就是有强弱电要交叠的地方，那记得要包锡纸，可降低干扰。

## 4. 卫生间电线管，都不能走地板

这是浙江Jeff分享的经验，他看过这可怕的案例。卫生间地板易积水漏水，若电线在此危险性非常高，一般都是走天花板或墙面。若插座设于卫生间内，也要用防溅型产品。

正确
工法

▲ 线管有许多颜色，红管是电源线（强线），蓝管是通讯线（弱线）。布管原则是强线走上方，弱线走下方地板。图片提供__ Jeff

▲ 强弱电管水平距离至少要50cm，以免干扰。图片提供__ Jeff

▲ 此照的强弱线管皆为白色，右下的多条布线，即是弱电管。图片提供__ AYDESIGN

Tips
血泪领悟123

① ▸ 同一回路的电线要在同根线管内，不能超过8根。

② ▸ 电源线与通讯线（含电话、电视、网络）不能放在同一管内。

③ ▸ 强电管与弱电管距离至少50cm以免干扰。

### 5. 电线与暖气、热水、煤气管之间的平行距离不应小于30cm，交叉距离不应小于10cm

这规定对水电师傅来说也比较难达成，倒不是做不到，而是忘了。还是老话一句，水电师傅撤场前，一定要到现场验收。

### 6. 线管、接线盒都要固定

线管可用塑胶管卡或水泥，接线盒大多用水泥。姥姥在篱笆网上看大家分享经验时，最常看到的就是线管都没做固定。

以上就是线管工法上要注意的事，最后再提醒一点（别嫌姥姥啰嗦嘛），完工后要跟水电师傅要"线管位置图"，日后若要挖地板或墙面时，就知道哪里不能打了。

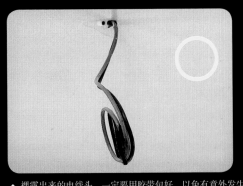
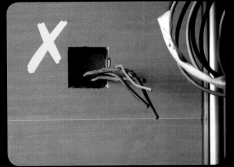

▲ 裸露出来的电线头，一定要用胶带包好，以免有意外发生。图片提供＿ AYDESIGN

🔊 must know
你应该知道

用对接线盒

安全＋第一

姥姥再讲一个小东西，就是接线盒。这是放在插座、开关后方或灯具出口处，防止电线受损的装置。一般正常的师傅都会放，但就是曾遇过两位很扯的师傅。一位是因带的线盒数量不够，他就自动省略；另一位是没装"天花板上"灯具的线盒，他可能没想到会有房主专程抬头看天花板吧！

另外插座与开关线盒设计时要注意尺寸，有分86型与118型；有位网友爱上118型的开关面板，但当初没跟施工队沟通好，师傅都是挖86型的大小，最后无法安装，令他后悔不已。

◀ 线盒有分尺寸118型(左)与86型。图片提供＿ AYDESIGN

▶ 天花板的灯具出口也要装线盒。图片提供＿ AYDESIGN

▲ 线盒常易有泥土块跑进去，易刮伤电伤绝缘层，最好还是拿报纸或纸板封住盒口。

▲ 施工期间，可用孔盖塞住管孔，以免杂物跑进配电管中。出线盒后方也要用水泥封好固定。

水电工程

# 08

# 冷热水管，
# 不能靠太近

我很后悔

苦主 _ 网友 July

# 最粗心！
# 热水管紧贴冷水管，
# 容易失温冷凝水

|事件|

新家装修好后，家人都觉得洗澡时热水冷得太快，July 在姥姥的博客贴出照片后，被达人指出不当：她家冷热水管完全是紧贴着走。热水管通水时是很热的，温度可超过 70℃，冷水管贴着会影响热水管的保暖功能。

▲ 真是的，冷热水管竟贴得这么近，又不是跳巴西桑巴舞。

▲ 管沟打得太窄，造成冷热水管距离太近，也没做固定，都是不好的工法。

现场直击

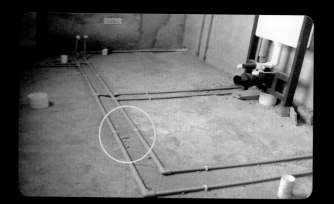

▶ 绿管即为水管，冷热水管距离要在 10cm 以上，并用管卡固定。图片提供_ Jeff

> 老房子翻新中，更换水管是免不了的工程，特别是 20 年以上的老房子，最好全面更新。一般冷热水管多是用 PPR 塑料管，除了避免交叠、不能紧靠，还要考虑长距离拉管水压不足等问题。

老房子翻新一定要做的就是换水管，至于多少年的老房子一定要换呢？大部分专家说20年以上一定要换，15~20年的则看地产商的信用度，若不知道地产商是谁，姥姥建议还是换。

目前最常见的给水水管材质是PPR。PPR是无规共聚聚丙烯（Polypropylene-Random）的简称，看不懂这是什么对不对，没关系，名字不重要，现在都流行叫绰号，这个管就叫PPR。

纯正的PPR原料制造的水管（我这样写就可知也有许多不纯的），长期使用耐温度可达70℃，最高可达95℃以上，耐温与耐压度都很好，价格也便宜，一米价格4~9元。不少品牌还保固50年，性价比很高。

PPR有分冷水管与热水管，冷水管管壁较薄，厚度大多在2.8mm~3.5mm，上方会有蓝绿色标示线；热水管的管壁就较厚，约4.2mm，标示线为红色。冷热水管价差不大，有预算的话，冷水也可用热水管代替。建材进场时要特别注意管壁厚度，不好的产品会较薄，耐压性差。所以指定品牌是必须的，不然施工队会自己挑"最便宜"的管子来。

安装水管时有几样原则要注意：

### [原则1] 冷热水管距离不能太近，更不能紧贴
热水管通热水时是很烫的，若冷热水管紧贴，会干扰到热水管的保温功能，两管距离起码要10cm以上（这是姥姥放宽标准，根据规范，得20cm[1]）；但有的施工队懒，像July她家，就是凿沟宽度不够，又把冷热水管放在同一凿，自然紧贴在一起。

### [原则2] 冷热水管要用固定环固定好
工程中动荡多，水管固定好可减少因被踢到踹到而移位的概率，若真移位，易造成接头松脱而漏水。千万别以为这种事不会发生，或是师傅一定会帮你设想周到，凡事还是多注意些好！

---

❶：《住宅装饰装修工程施工规范》第 15.3.7 条。

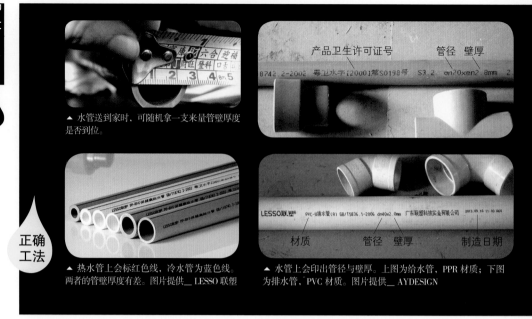

▲ 水管送到家时，可随机拿一支来量管壁厚度是否到位。

▲ 热水管上会标红色线，冷水管为蓝色线。两者的管壁厚度有差。图片提供__ LESSO 联塑

材质　　　管径　壁厚　　　制造日期

▲ 水管上会印出管径与壁厚。上图为给水管，PPR 材质；下图为排水管，PVC 材质。图片提供__ AYDESIGN

正确
工法

Tips
血泪领悟123

安全+第一

①　▶ 冷热水管最常见的材质是 PPR。安装时不能太近，至少要距离 10cm 以上。

[原则3]　长距离拉水管时，要主干粗、分枝细

同一根水管管径越长，末端水压会减弱。所以像July家从头到尾都是4分管（外径20mm），当水从后阳台一路长途跋涉到卫生间时，早就没力了，易造成末端水压（如淋浴）变小。

更好的工法是主干管的管线大、分支管管线小，如一般老公寓从水表下来的进水管为6分管（外径25cm），在热水器、厨房与卫生间的入口处分支管线再用4分管。这样较易维持水压。

[原则4]　水管做好就试水压与漏水

水管装好后，最重要的来啦，当场要试水压，确实水压够又没漏就ok了。若有漏水，也很容易找到，千万别等水泥都铺上去之后才试水，不然漏水都不知道是哪里漏。

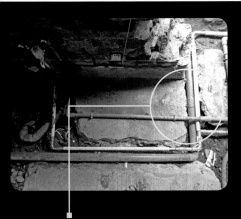

◀ 卫生间冷热水管出口，长得像这个样子。

◀ 冬季会下雪的地方，冷热水管都需披覆保温材。

▲ 水管的主干管要粗，分支要细，才易维持水压。

 ▶ 主干要粗，分支要细（如热水器、厨房、卫生间），如 6 分管主干配 4 分管分支，才能维持水压。

③ ▶ 有预算的话，冷水管也可改用热水管，管壁较厚更耐用。华北地区可以再外加保温层。

[原则5] 水管埋入地或墙里，覆盖的水泥砂浆要有一定的厚度

墙内冷水管不小于10mm，热水管不小于15mm，嵌入地面的管道则不能小于10mm。

 SOS 补救手帖！

热水易冷，
可包裹保温材料

曾遇过这种状况吗？洗热水澡时，若第一个人与第二个人间隔较久，往往又要重新等热水来。这是因热水管没有做保温层，热水散热快造成的，尤其是在寒冷地带。所以华北地区或会下雪的地方，冷热水管最好都要再包层保温材料，才不易失温。

# 水电，你该注意的事

现代人生活要享受，使用的电器愈来愈多，除了传统家电，还有烤面包机、豆浆机、挂烫机、泡脚机等，需要的用电量愈来愈大。老房子的进屋线（总开关上面那条最粗的就是了），多半可承载的电流量不够，若要增加用电量，这部分要请专业的电工团队，加大进屋线，整栋房子可承载的电流量即可增大。

其他还有几项建议，一起来看看吧！

## 提醒 1　弱电箱以方便维修为上

除了配电箱外，家里也常会再设一个弱电箱。弱电箱是做什么工作的呢？它管的也很多，包括网络、电视、电话等线。若我们说配电箱是帮你生活得更好，那弱电箱就是帮你活得更开心。你要与任何社会上相干或不相干的人有所交流，或无聊时想来点乐子，都要靠弱电箱。

弱电箱除了设计在配电箱下方，也可以移到影音柜或书房中，因为这两处设备较多，日后若要维修或增添电器，会比较方便。

▲ 弱电箱也可移位到影音柜或书房中。

## 提醒 2　玄关可安装感应灯

玄关可装感应灯，一开门灯就会亮。一进门就能感到温暖，也不必在黑暗中找开关，尤其是赶着回家上厕所时，这盏自动亮的灯，真的很好。

▸ 大门一开，玄关灯就会亮。

**提醒 3** 进水管安装止水阀

有的大楼关水的总开关多安装在公用区，家里若漏水，还要跑出去关水。现在水电师傅可以在家里后阳台（或是进水管主干管上）装个"止水阀"，要关总开关就不必再跑到家外，这个很好用，要记得请师傅装一个。

▲ 在后阳台或进水主干管装个止水阀，以后关总开关就不必再跑到家外去了。

**提醒 4** 吊架悬挂水管，不必再敲地板

传统水管线路走地板，但现在也有许多走在吊顶内，用吊架悬挂水管。这样做的好处是若有漏水或要维修，可以不必打地板，直接掀开吊顶的维修孔即可。因为打地板不但要花较多的钱，而且即便打完全部的地板也不一定能找得到漏水。

▲ 水管走在吊顶内，日后维修更方便。

 **must know**
你应该知道

**不做吊顶的配电法**

安全+第一

姥姥常建议没钱就不必做吊顶了，但许多电线都是包在吊顶内的，若没有了吊顶要如何走呢？这时就要走墙或天花板，要在水电动工前，先与水电、瓦工、空调等施工队商量好如何走管线，尤其是要经过门的地方。

▲ 门的地方有门槛门框，电管可走地板，若地板不打掉重做，那只好走墙，这部分要与师傅们先谈好规划。

▲ 若瓷砖地板要改铺木地板，可以直接在地砖上切沟，走电路管线。

# 装修水电奇事，别让它落在你家

安全+第一

有些网友家里也遇到不良师傅，姥姥就放在这节，让大家开一下眼界，知道这世上还真是无奇不有。

像有些水电师傅只装插座没拉电线，你可能会觉得很扯。但就在写这篇文章的前一个月，我就在网友鸡肉卷家中拍到这么扯的事。

他家厨房设了个桌子，桌内有个插座，但就是没有拉电线，后来他只好自己牵电线补救。他家的鸟事一堆，像电线没拉好、门铃装反，都是位有 40 年老经验的水电师傅做出来的，真不知他这 40 年在混什么。所以啊，有经验不代表就做得好，别被人唬了。

此外，也有两位超厉害的师傅，配电箱的电线接法也是空前绝后。装修有很多意想不到的奇事与状况，看看别人遇到的事，记得提醒自己要盯着点。

## 状况 1 插座不良品

看到没？原本应该插进插座的白色电线，已"脱离"了插座，而露出内部铜芯。为什么会这样？不是水电师傅没插好电线，就是这插座有问题，夹不紧电线。但不管是哪个原因，都不该发生。

▲ 上图白色电线松脱了，不是当时没装好，就是插座的品质有问题。

## 状况 2 桌子有插座没电线

就是这个桌子没拉电线，下方柜内有个插座（抱歉，因被塑胶套封住，没法拍到里头），左下方的那条电线，就是房主鸡肉卷自己牵的线（黄圈处），为什么？因为水电师傅忘了牵线。

▲▶ 这施工队做了插座，但就是忘了牵电线，很扯吧！

**状况 3** 门铃正反不分

连门铃都装反，超乐观的鸡肉卷说，他不改这个，要留着做纪念。

▲ 40 年经验的老师傅，把门铃都装反了。

**状况 4** 剪铜线只为塞进小号压接端子

电线内有好几股铜线，理论上要把每根铜线都塞进压接端子中（压接端子是用来固定铜线的），但这个地产商用了较小号的压接端子，只好把铜线剪掉5股，硬塞进小号的压接端子中。那这条电线可承载的电流量自然就要打折了。

▲ 未使用吻合的压接端子，却把铜线剪掉5股硬塞进去。

**状况 5** 剪完铜线，连压接也省了

一样也是把几股铜线剪掉，而且这端子还没有压接，所以电线很容易就会掉出来。

▲ 这是上海强哥发来的照片，配电箱中，可看到接地线也是剪掉了铜芯，硬塞进端子排中。图片提供 _ 强哥

PART C

# 空调工程

许多环保人士呼吁不要开空调，甚至不要装空调。但住在水泥大楼的我们，实在无法改变屋外的环境来改善通风。若不开空调，夏天晚上还真的睡不着觉。也希望地产商能多用点大脑，规划好通风动线，我们就可省点电费。

所以，还是来讲一下空调如何安装吧。因为安装位置不对，即使温度设定在 20 ℃，你也不会觉得冷，徒然浪费电而已。空调要安装到对的位置，才能发挥最大效能，在最省电的情况下，达到我们要的降温效果，也算为节能减排尽一份心。

point1. 空调，不可不知的原则

[ 原则 1] 室内机与室外机距离越近越好
[ 原则 2] 管线要走明管，易维护
[ 原则 3] 空调不要对着人吹
[ 原则 4] 管线过墙要打孔
[ 原则 5] 空调匹数要够
[ 原则 6] 空调安装点不要近煤气炉
[ 原则 7] 多层楼适合多联式空调
[ 原则 8] 室外机的散热空间要够大
[ 原则 9] 安装在轻钢墙要加支撑

point2. 容易发生的两大空调问题

1. 最闷热！空调被装在格栅中，整个夏天都在冒汗
2. 最失衡！空调安装在短边墙，空间半冷半热

point3. 空调工程估价单范例

| 工程名称 | 单位 | 单价 | 数量 | 金额 | 备注 |
|---|---|---|---|---|---|
| 全室分体式空调工程 | 台 | | | | 1 台分体式壁挂 \ 海尔品牌 \ 型号 \ 匹数 |
| 全室嵌入式空调工程 | 台 | | | | 2 台嵌入式 \ 大金 \ 型号 \ 匹数 |
| 管线打孔 | 处 | | | | 客厅外墙、卧室隔墙 |
| 冷铜管外包裹防潮泡棉 | 式 | | | | 管线走在木墙内时才需要此项目 |
| 包裹冷铜管的木梁、木假墙 | 米 | | | | 客厅、卧室处 |
| 水泥墙施作打凿埋排水管 | 式 | | | | 排水管需衔接至大楼排水系统 |

注：大部分空调品牌是购买空调可提供免费安装服务。

# 01 吊顶挡住吸风口，空调效果打折扣

我很后悔

 苦主 _ 网友阿树

## 最闷热！
## 空调被装在格栅中，
## 整个夏天都在冒汗

| 事件 |

新家装修好时，我们一家人都很开心，但这个夏天，我们一直很烦恼空调为何不冷。找了师傅来看，他说，那是因为木格栅包裹方式不对，空调才会不冷，不是空调的问题，他建议把"才刚做好的"包裹木格栅打掉。

空调出风口被木格栅挡住，造成空调不冷。

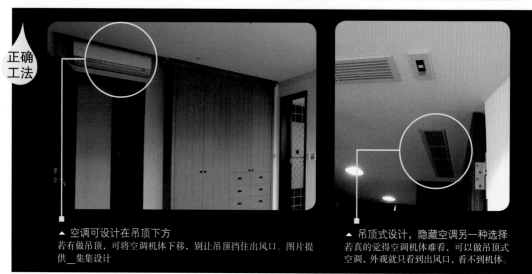

正确工法

▲ 空调可设计在吊顶下方
若有做吊顶，可将空调机体下移，别让吊顶挡住出风口。图片提供 _ 集集设计

▲ 吊顶式设计，隐藏空调另一种选择
若真的觉得空调机体难看，可以做吊顶式空调，外观就只看出出风口，看不到机体。

以空调原理来谈，空调是靠吹出冷空气来使空间降温。但它一直吹出冷空气，怎么知道还要不要继续吹，何时达到适合的温度？答案就在上方的吸风口，吸风口的主要功能是用"回风"来测屋内的温度。若木工工程把空调包起来后挡住吸风口，就等于挡住了回风，因而造成制冷效果不佳。

说实在话，姥姥真的不知道是哪个设计师想出"用木格栅包裹空调"的不良设计，然后就有一大堆只会抄袭而不知其所以然的设计师跟着做，再然后又有一大堆媒体记者搞不清楚状况，一个劲地说好，最后当然是房主遭殃。

我猜，第一位如此做的设计师，可能有两个原因。一是房主装修后没钱了，得沿用旧空调，为了让旧空调与新装修相符，就要求设计师把旧空调"遮掉"；二是为了好看，设计师或房主觉得空调不好看，所以用木格栅把它包起来。

但室内设计不只是好看而已，实用性绝对要排在好看之前。再说，我们评价一样东西的美丑，是被教育出来的，每个时代、地区都有自己的审美观。为什么会觉得空调丑呢？我就觉得现在的空调都不难看啊，真的，不难看。就算你觉得不好看，空调的功能是制冷，又不是装饰，就像上餐馆吃饭，你会在乎厨师长得好不好看，还是厨艺好不好呢？

我们来看一下，用木格栅包裹空调为什么会造成空调不冷。第一，空调底下为出风口，但外头就是木格栅挡着，虽然木条中间有空隙，但仍会挡到空调出风量。第二，空调是靠上方的吸风口（又称回风口）负责测屋内的温度，木格栅包起来后，挡住了回风，造成制冷效果不佳。

因此，不要用木格栅包裹空调，真的，空调没有不好看；若真的不想看到空调室内机，那就安装嵌入式空调，让主机藏在吊顶中。

搞懂回风原理，空调问题自然解决
但有时空调的确会与吊顶当邻居，到底要怎么做才能确保空调能顺利运行呢？

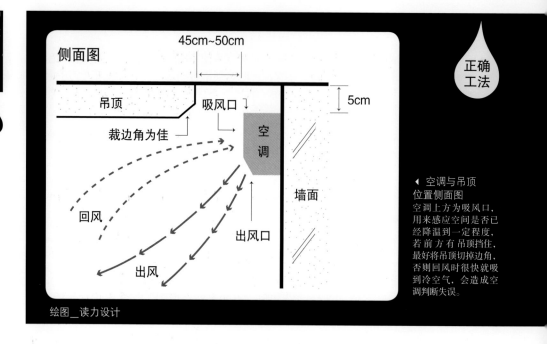

侧面图

45cm~50cm

吊顶

吸风口

裁边角为佳

空调

5cm

墙面

回风

出风口

出风

绘图_读力设计

正确
工法

◀ 空调与吊顶
位置侧面图
空调上方为吸风口，
用来感应空间是否已
经降温到一定程度，
若前方有吊顶挡住，
最好将吊顶切掉边角，
否则回风时很快就吸
到冷空气，会造成空
调判断失误。

以空调原理来谈（见上图），空调是靠吹出冷空气，使空间降温。但它一直吹出冷空气，怎么知道还要不要继续吹，何时到达适合的温度？答案就在上方的吸风口。

运用冷空气下降，热空气上升的原理，假设室内原本32℃的空气与冷空气混合后，变成30℃，这时热风会往上，空调的吸风口吸进热空气后（这个过程称回风），机体会根据它来判断现在的室温，然后，再继续送出冷空气，直到整个室温达到你调的温度，如28℃，它就不再送出冷空气。

若回风空间不够，或者在空调出风口的地方有物体挡住，造成空调上方的吸风口很快就能吸入刚刚才送出去的冷空气（简称短循环），而吸不到外边的热空气，就会造成空调"以为"室内空气已降温了，因此就不再送冷空气出去；但实际上，外面温度还很高。

所以，让空调有回风空间是很重要的，最好不要在空调外有任何包裹。日立空调的陈工程师提醒，木工包裹空调也有个大问题，就是日后不容易维修。若连要伸手进去拆空调都有困难的话，那就还得把外头的木格栅打掉。

所以，别再做木格栅了，木条会挡到出风口，对制冷效果不好。

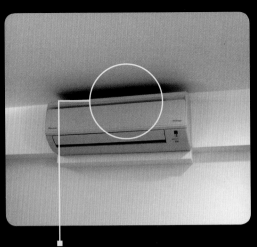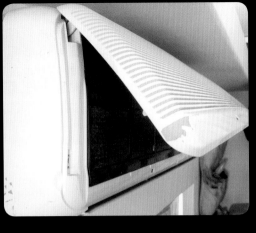

▲ ▶ 空调前方与上方要留足够空间
空调前方不要被挡住，要预留足够的空间，除了回风效果好之外，也方便将滤网（右图）拆下清洗。空调上方与吊顶的距离，也要留 5 cm 以上。

Tips
血泪领悟123
安全✚第一

① ▶ 空调出风口前方最好什么东西都没有，以免出风不顺，更不要设计木格栅来包裹空调机体。

② ▶ 空调要预留足够的回风空间，上方至少 5 cm 以上，前方至少 45 cm 以上，以免因回风不佳，造成制冷不佳。

))) must know
你应该知道

空调与吊顶
距离 5cm 以上

安全✚第一

一般空调安装说明书上，会写明机体与上方吊顶的距离为 5 cm 以上，但日立的空调师傅建议最好留 15 cm~20 cm，让回风更通畅并且空调前方最好不要有阻挡。

但有时空调前方就是吊顶，因此要留 45~50 cm 的空间，才方便拆滤网下来清洁。若无法在前方留 45~50 cm，也可以把吊顶的一角裁掉，设计成斜角，这样就不会挡到空调回风了。

# 空调要装在长边墙，回风较佳

我很后悔

苦主 _ 网友 Sean

## 最失衡！
## 空调安装在短边墙，
## 空间半冷半热

| 事件 |

我家的空调安装时，空调师傅只看哪面墙离室外机近，就安装在哪面墙。后来，我才知道空调要安装在长边墙才能在更短的时间内让房间冷下来。但看来，施工队是完全不知道这条原则。

其实长边墙距室外机并未超过3米（超过要收费），但师傅还是把空调装在短边。

正确工法

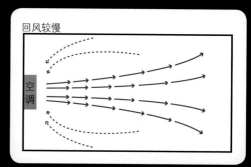

回风均匀

空调

回风较慢

空调

▲ 空调在长边墙，均冷
空调装在长边墙，回风的平均距离较短。

▲ 空调在短边墙，远端热
空调在短边，远方的热空气就得千里迢迢才能回到空调身上，容易造成空调判断室温错误，造成室内不凉。

空调安装有许多原则，其中有一点常被遗忘：若是在长方形空间里，要安装在长边墙面的中间位置，制冷效果最好。因为当空调装在长边墙的中间时，出风就能以最短距离到达各个角落……

 空调安装有许多原则，其中有一点是常被遗忘的：若是在长方形空间里，要安装在长边墙面的中间位置，制冷效果最好。

为什么空调要装在长边墙呢？再来复习一下空调的启动原理。空调出风是靠室内空间回风的温度而定，所以若冷空气吹出后，能与原来的热空气均匀混合，并回传给空调的吸风口，就能让空调知道现在还要不要继续出风去冷却空间。

所以若能让空调在越短的时间内，均匀地吹满整个空间，降低室内温度，空调就能越省电。

当空调装在长边墙的中间时，出风就能以最短距离到达各个角落，与原来的热空气混合后，也能较快回到空调身上。（见左页左图）

### 别让空调误会全室已降温
空调若装在短边，冷空气要花较长的时间才能到对面的角落，均匀室内温度的时间会较久，尤其是在狭长的空间。若距离很长，如有时是开放式的客餐厅空间，热空气不易传回空调本身，如空调设定28℃，空调这边客厅已达到28℃，而对面餐厅还在32℃，因空调感受不到热空气，造成它误判已达到28℃而减缓运转速度，就会让人觉得空调不冷。（见左页右图）

以上只是理论探讨，实际上安装会有很多考虑，例如风会不会吹到头，要装长边墙的话，链接铜管会太长，超过免费安装的长度（一般挂机为3米，柜机为4米）；或是要走明管，有人无法接受等。所以有时还是会装短边墙，但只要空间不大，空调多费点力，空间还是可以冷下来。但是如果空间较大或者是开放空间，这个原则就要好好考虑。

**正确
工法**

◀ 空调最好安装在长边墙
较大的空间，空调安装更要在
长边墙才有效果。不过，因为
影响安装的因素很多，仍要通
盘考虑。

## Tips
血泪领悟 123

① ▶ 在长方形的空间里，空调最好装在长边的墙中间。

bonus
同场加映

## 吹空调先受气

网友 Sean 家的空调，不仅只有装在短边
的问题，其他的且听他说来：

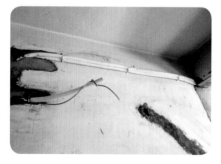

▲ 师傅自己认定吊顶的高度，自己设定空调位
置，未跟房主沟通，所以空调装得太低了。

我家空调师傅也超有个性的，在安装前，
完全不跟房主沟通，凭着自己的"经验"
来认定空调应该装在哪里，讲的时候还很
专业的样子，结果却完全不是那么回事。

那位师傅认为，客厅一定会做吊顶，而且
是与右边的梁齐高，所以把管线走在梁下
方稍为靠上一点的位置，但实际上，我们
要做的吊顶在更上方一点，所以会造成这
条管线外露。

最后，在家人与空调师傅大吵一架后，由

◀ 空调对餐桌，饭菜易冷

将大匹数的空调直接安装在对着餐桌的厨房外，除了饭菜易冷，对着用餐的人直吹，也会让人不舒服。

▲ 房间空调装窗边，就怕对着人直吹

此卧室的空调装在短边墙的窗边，主要是因为长边墙是放床的地方，若空调装在那里会对着人吹。在两相权衡下，装窗边仍是较好的选择。

 ▶ 冷铜管距离要算好，尽量争取在免费安装的长度里。

 ▶ 空调排水须依规定接到大楼排水系统，不能乱排。

木工师傅收尾（很戏剧性的发展吧），将管线往上移一点，整个空调往上移，然后，木工师傅"再加做"一面木墙，真是令人昏倒的木墙，还要 4 千元。

问题还没完哦，接下来，楼下邻居来抗议了，因为她家的雨棚在滴水。原来，这也是那位师傅的创意，他想只要把空调排水排到墙壁上"顺流"下去就好，把水管放在雨棚上方，这样管线也最省，没想到，水就顺流到楼下了。这是不行的，空调的排水不能乱排，这跟乱滴水是一样的，会被罚。

被说了以后，空调师傅就乖乖地把管线接到公寓公用的排水管，排水就能直接排到一楼的下水沟中，至此我家的噩梦也终于结束了。

▲ 靠木工解救错误的空调位置，多花了钱，美感也没加分。

▲ 空调排水管还"顺接"到楼下的雨棚，这是违反法规的，最后还是得重牵管线。

空调工程

# 03

# 空调要冷，
# 你该注意的事

空调装修市场也是个报价很乱的市场。网友 Sean 家的空调，设计师们报价从 3 万元起跳，最后他去找隔壁一条巷子的空调店，只花了 2 万多元，这这这……不知道怎么说好，实在是差很多，但原来工艺也差很多，后来 Sean 真的遇到了不良师傅。姥姥有位朋友一样找空调店，如果找设计师的话报价 4 万，但隔壁巷的才报 3 万，材料与机型都一样哦，而且工艺也很好，没出什么问题。

结论是，货比三家真的很重要，但就算比了，也不代表不会出问题，最终还是会回到施工队或房主对工法的熟悉度。

我们还是回来谈空调不冷的原因吧，还挺多的，姥姥把几位师傅与空调商家的建议整理在这里，也包括安装的原则。

原则
1
室内机与室外机距离越近越好

室内机与室外机距离越短越好，管线中间转折越少越好，这样制冷效果较佳。一般建议在3米内最佳，5米也还可以，最好不要超过10米。另外，运送制冷剂的管子因为是铜管，要减少90度弯折，不然很容易压折，若铜管被压折或破掉，也会造成空调不冷。

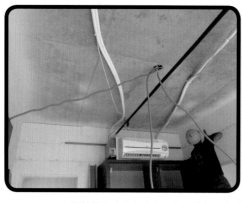 

▲▸ 空调管线要少弯折（左图），弯折若较多（右图），则要小心不要把冷媒铜管压折到。

**原则 2** 管线要走明管，易维护

冷媒铜管管线要走明管，最多就是藏在吊顶或木假墙中，但不能藏进墙壁里。有些师傅会把墙壁切沟，来藏空调铜管，然后再用水泥封平，这不好，因为日后若冷媒漏了，藏在木墙中可能还听得到一点声响，若在墙壁中，不但听不到，还要打墙来检查，会很麻烦。有设计达人也建议，最好在空调安装好之后，先测试一下空调，看是否有漏制冷剂，会不会不够冷，这时若有问题，维修也较简单。

另外，空调的排水管因为是用PVC塑料管，是可以走在墙壁里的。当然，也可裸露走明管或同样走在木墙中，但因管子会接触到热空气，外层要再包裹一层防潮泡棉，以免管子产生冷凝水。

▲ ▶ 管线可用木假梁包裹起来，日后才好维修。

▲ 排水管多用 PVC 管，则可走在木墙或水泥墙中。若在木墙内，则要包裹一层防潮泡棉，以防产生冷凝水。

**原则 3** 空调不要对着人吹

再次提醒，空调不要对着人吹，因为这样容易造成偏头痛或风湿。当然，这还是要看个人的选择。好，那以不要对人吹的原则来看，在客厅的话，通常会设计在沙发背墙或侧墙；在卧室，通常会放在床头墙两侧或侧墙。

▲ 在卧室的空调，要装在不会直接对着人吹的位置。

## 管线过墙要打孔

现在不打孔的师傅不多了，但姥姥不敢说没有，因为我自己家就遇到一个。这位师傅是在窗玻璃上挖洞，在窗上挖洞会很难看，也会漏冷气兼漏水。姥姥虽然年纪不小，但也曾经年少不懂事，这就是当年不懂事时留下的遗憾。

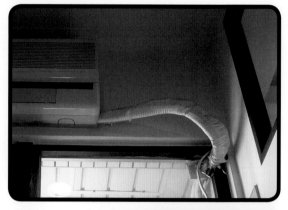

▲ 师傅把玻璃敲下一块，就让管线走玻璃窗，下图还有用树脂封孔，上图就根本没封，只拿保温布把洞填一填。

◂ 打孔就是在墙上钻个圆孔，让管线进入。

## 空调匹数要够

面积与匹数的关联，基本上1匹可分配10~15平方米的面积，若有西晒或顶楼，再加0.5~1匹。要注意，若客厅15平方米，餐厅9平方米，且是开放式设计，就需按15+9=24平方米来算，大部分空调不冷，都是因为匹数不够。

▲ 西晒的空间也会影响到空调匹数大小的选择。
图片提供 _ 集集设计

**原则 6** 空调安装点不要近煤气炉

近来大家都很喜欢设计开放式餐厨空间，可以让厨房不再封闭在小空间中，不过，厨房炒菜时产生的热气，是会影响制冷效果的。只要注意空调安装地点不要离煤气炉太近即可，以免热气变成回风，造成空调误判室内温度。

**原则 7** 多层楼适合多联式空调

若一台室外机会分配给两台室内机，两台室内机分别装在1楼与3楼，因制冷剂传送的问题，也会造成制冷不好。所以，最好3楼的空调要独立再装一个；或者安装多联式空调，这种多联式空调的室外机与一般分本式室外机相比，能力更强，可联结的室内机台数较多，管线也可拉更长，可满足多层安装空调。

**原则 8** 室外机的散热空间要够大

不只是室内机要预留上方与前方的足够空间，空调室外机后方也要保留散热空间，最好是距离墙面50cm以上（各家空调机型需求不同），若散热空间不够，也会造成制冷效果不佳。

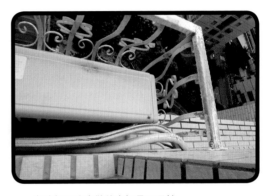

▲ 室外机要注意散热空间是否足够。

**原则 9** 安装在轻钢墙要加支撑

轻隔间墙两侧封板多是石膏板，石膏板结构较松，咬不住锁丝，这种墙面的承重力不够，所以后面"一定"要再加18mm厚的多层板，多层板的承重力较佳，不然，空调可能会掉下来。

▲ 若是轻钢墙，在空调吊挂后方要加18mm厚的多层板。

# 瓦工工程

瓦工负责跟水泥有关的一切，包括地面、墙壁的水泥打底粉光、贴砖、砌墙（多是红砖墙）等。做防水也是瓦工负责，所以卫浴、厨房、铝门窗也有部分与瓦工相关。

瓦工有问题的装修，常常是因"赶工"造成的。为什么呢？因为很多瓦工工程都要花时间等干，才能进行下一道工序。如砖墙砌好要等 3周才能上漆、砖贴好后至少要等 24 小时才能填缝。但现在很多师傅或房主都无法等，就造成后续一堆问题。因此，最好给瓦工较长的工期，才能避免让人后悔的事发生。

point1. 瓦工，不可不知的事

[提醒1] 回填墙壁地面、孔洞时，要注意是否补平

[提醒2] 瓷砖记得要备料，以备日后维修

[提醒3] 文化石[1]注意底部抓力

point2. 容易发生的 4 大瓦工纠纷

1. 最恶"裂"！地震后，水泥墙出现裂缝
2. 最不平！铺好地板才发现房子高低落差大
3. 最要命！砖墙一天砌好上漆，封住水汽造成裂痕
4. 最漏气！铝窗填缝不实，漏风也漏水

point3. 瓦工工程估价单范例

| 工程名称 | 单位 | 单价 | 数量 | 金额 | 备注 |
|---|---|---|---|---|---|
| 全室地面打底整平粉光 | 平方米 | | | | 采 1：3 水泥浆<br>含客餐厅、厨房 |
| 公共空间地板贴砖 | 平方米 | | | | 抛光砖，含客餐厅 |
| 公共空间地板抛光砖材料费 | 平方米 | | | | 抛光砖 60×60 cm / 意大利制 / ×× 建材经销 / 普罗旺斯系列米黄色 |
| 贴砖墙壁水泥打底粉光 | 平方米 | | | | 包括卫生间、厨房、阳台 |
| 阳台贴墙壁、地砖工资 | 平方米 | | | | 前后阳台 |
| 阳台墙壁、地砖材料费 | 平方米 | | | | 板岩砖 /20×20cm/ 白马 ×× 系列 / 黑灰色 |
| 后阳台地板防水 | 式 | | | | 含 ×× 品牌制防水浆料、防水胶<br>弹泥上 3 道 |
| 铝门窗框灌水泥浆填缝 | 处或式 | | | | 含水泥修补 |
| 拆除后墙面水泥修补 | 式 | | | | 含墙壁壁癌剔除以及水电配管<br>打凿孔洞水泥回填处理 |
| 全室砌 1/2 的砖墙 | 平方米 | | | | 含厨房、主卧室<br>砌墙一天高度不超过 1.2 米<br>需拉线、新旧墙上要打钉或植筋<br>墙砌好等 3 周才能上漆 |

注：厨房与卫浴的瓦工部分请参看厨卫工程前言 143 页

---

❶：是一种人造装饰壁材，仿照天然原石的色泽纹理，可解决原石太重的问题，价格也只有一半。

## 瓦工工程

# 01

# 水泥质量不好、比例不对，易有裂痕

**我很后悔**

苦主 _ 网友 Sean

## 最恶"裂"！
## 地震后，
## 水泥墙出现裂缝

### | 事件 |

某天我发现厨房的瓷砖墙面裂了，不是瓷砖裂，而是后方的水泥裂了，我装修了 2 年多，其间是发生过地震，但也不是每个地方的水泥都裂，这到底是怎么回事？

▲ 这是我家厨房的墙面，瓷砖中间的缝隙处裂了。

 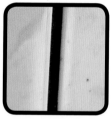

▲ 这是细部放大照，可看到里头的水泥裂缝。

---

**正确工法**

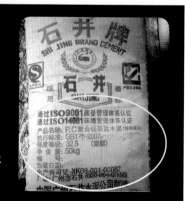

▶ **看标记选保障**

水泥品牌要有产品认证标志，质量才有保障。强度要达 32.5，包装日期在 1 年以内为佳。图片提供 _ 晴宇

118

水泥龟裂多半是两个原因，一是用的水泥质量较差，一是水泥浆的比例不对或是搅拌不均匀，这两者都会造成水泥强度不够。地震或天气剧变时，问题就发生了。严重的，甚至会造成上面铺的瓷砖起鼓变形。

 水泥会裂多半是三个原因，一是用的水泥质量较差；二是水泥砂浆的比例不对，造成水泥强度不够，地震时就容易裂；三就是老问题了，"有个性"的师傅特多，看不起国家规范，根本不照规范施工。

很多房主花了几十万元装潢，但问到水泥用的是什么品牌，许多都答不出来，房主不知就算了，惨烈的是，连设计师都只能嗯嗯啊啊混过去。

姥姥访问过的几位泥作师傅都表示，是真的有师傅拿"已结块"的过期水泥或受潮水泥来用，所以水泥最好指定有合格认证的品牌，并且制造日期在1年以内。

指定好品牌后，就要注意水泥浆的比例。

### 泥浆比例是重点
水泥砂浆是在墙面和地面拆完瓷砖后，拿来铺平基底层用的，也叫抹灰工程。打底的水泥砂浆，其水泥与砂的比例是1：3，砂子要选中砂为佳。但姥姥在访的过程中，不少师傅都说错比例，还有人说1：7，可见根本不当一回事。

这1：3怎么调呢？大部分都是一铲水泥配三铲砂，说实在的，不是很精准，但比例不对，其中水泥成分太少，就会造成水泥强度不够。地震或天气剧变时，水泥就易裂，严重的，上头铺的瓷砖也会起拱变形。

不过装修现场又没有秤，是怎么看重量比呢？还好，这世上还是有非常龟毛的处女座李师傅，李师傅是真的拿秤来量，发现砂子只要装满5加仑的桶子，约重30公斤。一般水泥是50公斤一包，所以1包水泥要配5桶砂。

打底的抹灰层颗粒较粗，会刮手。若是墙面抹灰，表层要再细致点，后头上漆才会漂亮。所以打底完成后，会再涂一层细致的水泥砂浆，这道

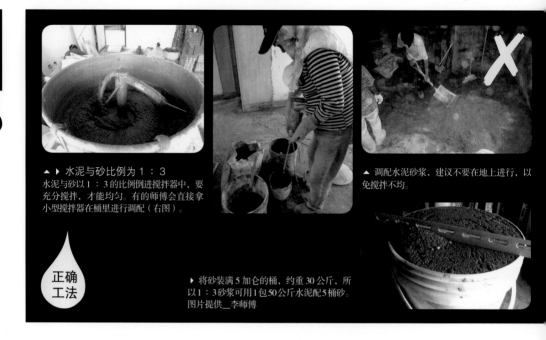

▲ ▶ 水泥与砂比例为 1：3
水泥与砂以 1：3 的比例倒进搅拌器中，要
充分搅拌，才能均匀。有的师傅会直接拿
小型搅拌器在桶里进行调配（右图）。

▲ 调配水泥砂浆，建议不要在地上进行，以
免搅拌不均。

**正确
工法**

▶ 将砂装满 5 加仑的桶，约重 30 公斤，所
以 1：3 砂浆可用1包50公斤水泥配5桶砂。
图片提供__李师傅

水泥砂浆的比例为1：2，而且砂子要过筛，不能有杂物，这样抹灰出来
才好看。

水泥砂浆除了比例要对，搅拌也要均匀，才能让强度达到最高点。姥姥
在一些家居论坛上常见师傅就"在地上"加水搅拌水泥砂浆，这很难搅
拌均匀。最好是用搅拌机，但五湖四海的师傅不见得每个都能有这机
器，那也最好是先在大桶内搅拌，才易均匀。

## 要等干才能进行后道工序
第三个问题就是工法了。首先要增加水泥砂浆的地面附着力。方法有两
种，一是铺设前，旧地板要清干净，石块、起皮等都要清除；二是地面
要浇湿，但不要积水。然后浇上水泥水，就可以铺水泥砂浆了。

铺设时，要等到打底层干了，才能再铺面层。面层做好后即要养护，这
养护就要28天。是的，你没看错，要28天。水泥是个比较顽固的建材，
要等那么多天才能达到设定的强度。而这些天中，要给水泥"铺面膜保
湿"，因为它的化学作用得有水才行，所以得天天浇水，一旦没水，就
会出现裂痕。

但我们平民老百姓哪有那个美国时间等它啊，大部分都得赶工，甚至有师
傅会拿风扇加速干燥，这都会造成水泥强度不够。只是现实终究是现实，
姥姥也知道等28天很难，那至少养护14天吧，你家水泥地会更强壮的。

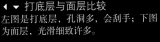
▶ ▼ 打底层与面层比较
左图是打底层，孔洞多，会刮手；下图
为面层，光滑细致许多。

打底层
细节

面层细节

▲ 墙面敲除水泥层及瓷砖后，会露出红砖或水泥底层，再以水泥砂浆铺平。

▶ 面层的水泥砂浆比例为 1：2，并且要
用过筛的砂子来调。

**Tips**
血泪领悟 123
安全✚第一

① ▶ 调水泥砂浆时，砂子记得
要过筛。水泥与砂的比例要
配好，打底 1：3，面层 1：2，
并搅拌均匀。

② ▶ 铺水泥砂浆时，要前道干
了后再铺下一层。做好后，要
浇水养护至少 14 天，不要用
风扇加速干燥。

bonus
补救手帖

## 可用填补剂修补裂缝

安全✚第一

像网友 Sean 家的裂缝该如何补救呢？现
在市面上有贩卖多种填补剂，包括发泡填
缝剂、塑钢土（或塑钢浆）、腻子、环氧
树脂填充剂等。

若一般内墙（水泥墙）有裂缝，宽度在
3mm 以下，可用塑钢土或直接刮腻子填
补。若裂缝较大，则可注入快干水泥或发
泡式填缝剂等。

修补裂缝时，要先把施工处清理干净，清

除易掉落的裂缝边缘，并可浇点水，表面
湿润可增加填缝剂的附着力。然后再填入
填缝剂，要等它干，每种填缝剂干的时间
不同（可看产品说明），宁可等久一点，
确定完全硬化后，再用砂纸磨平表面，最
后再上漆，不上漆也行。

再提醒一下，若水泥裂缝是出现在梁柱的
地方，宽度大于 3mm，且深入墙内，甚至
看得到内部钢筋，则最好还是请结构技师
来看看，以防结构受损会有危险。

瓦工工程

# 从抛光砖了解不同地砖施工要点

我很后悔

 苦主 _ 网友 Juice

## 最不平！
## 铺好地板才发现
## 房子高低落差大

**｜事件｜**

我家在铺抛光砖时，因为不知道房子的地不平，高低落差很大，只能把较低的地方加高，最后再加上抛光砖的厚度，造成整个地板的高度多了十几厘米。原已装好的后阳台门与卧室的门全要重新调整高度，又多花了不少钱。

我家铺抛光砖时，因没估算到地板的高低误差，最后造成后阳台门与室内门都要改高度。

正确
工法

▶ 大片瓷砖要加黏着剂
大尺寸瓷砖背面要加黏着剂，这样可与水泥浆更紧密贴合。

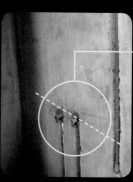

◀ 地板拆除后，可在墙面标出高度
地板拆除后，可在墙面标上高度标准线（如 1 米的高度），不同师傅都可以用它作为丈量标准，避免各量各的而出错。
图片提供 _ ben

> 自己找施工队的人，最常见没算好地砖高度的惨剧，弄成室内门都要跟着改高度；地砖另个常见的问题是起鼓变形。除了砖本身的质量要好以外，贴砖时要让砖与黏着的水泥砂浆紧密结合，用橡胶槌敲平砖面也是必要的。

瓦工贴砖的工法，基本上可分为干铺与湿铺两种，主要差别在贴瓷砖前，底层有没有再铺一层干水泥砂（见下表）。干铺法较扎实，瓷砖也不易内含空气，造成日后起鼓或变形。但价格较高，也费工，所以一般家装仍是以湿铺法为主。

## 干湿铺法施工要点

干铺法多用于60×60cm以上的大尺寸地砖，如客厅常见的抛光砖、玻化砖，以及大理石等。湿铺法则多运用在厨房卫浴30cm以下瓷砖。基本上，贴砖工法普遍皆较纯熟，若仍觉得干湿铺砖法有如费马定理般难以理解，我们直接讲师傅容易忽略或要注意的地方好了。

### 1.大瓷砖别忘了上黏着剂

大瓷砖（60×60cm以上）多采用干铺法。贴砖前，要先浸水湿润，背面也要上瓷砖黏着剂，好让瓷砖能与底下的水泥砂浆结合得更好，否则，大片瓷砖很难做得完全平整，总有凹凸不平之处。若不加黏着剂，水泥

**2种贴砖工法，看哪个适合你家**

| 施工法 | 工法 | 适合砖类 | 地点 | 优点 | 缺点 | 留缝 |
|---|---|---|---|---|---|---|
| 湿铺 | 地板清干净，浇水湿润后，水泥砂浆抹上，等差不多干时，就可贴砖。 | 30×60cm以下瓷砖 | 墙面、地面 | 工时快，工资便宜。 | 平整度较差，砖内易有空气，日后易起鼓。 | 有。留缝大小依房主需求而定。 |
| 干铺 | 地板以水泥水弄湿，再铺上干砂，以砖压实后，再浇水泥砂浆贴砖，砖背要加黏着剂，并以木槌敲平表面。 | 60×60cm以上瓷砖，大理石 | 地面 | 砖面平整度高，砖底也不易有空隙，不易变形。 | 工时较长，工资较高，水泥基底层较厚。60×60cm约厚3~5cm，80×80厘米厚4~7cm。 | 可接近无缝，约1mm；但华北区建议2mm。 |

资料来源：各装修师傅

## 抛光砖，是这样贴的

Step1  Step2  Step3

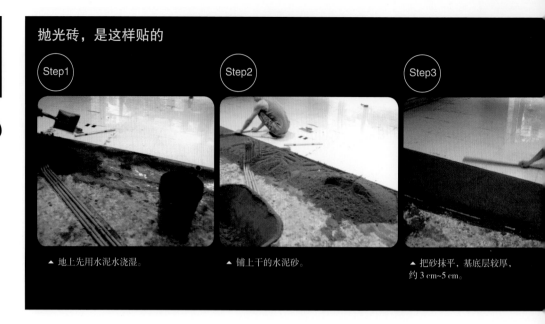

▲ 地上先用水泥水浇湿。　　▲ 铺上干的水泥砂。　　▲ 把砂抹平，基底层较厚，约 3 cm~5 cm。

浆与瓷砖之间易有空隙，日后可能会起鼓。有的师傅会懒得上黏着剂，或觉得只要粘得上去就好，所以房主一定要自己多提醒师傅。

### 2.用木槌或橡胶槌强化大片地砖的紧密度

只要是30×30cm以上的砖，都要用木槌或橡胶槌等工具敲击瓷砖，让砖与泥浆能更紧密结合。这个工法同样是为了防止日后膨胀，膨胀就是因为砖体未与泥浆结合，内有空气就容易在地震或天气剧烈变化时，发生变形。另外也顺便可调整地砖的水平。

### 3.地板高低有落差，收尾麻烦大

铺砖时，最常出问题的地方在地板的高度落差上，尤其是自己找施工队的人。Juice家就遇到这种情况，后来又多花了很多钱来"摆平"。是这样的，因为她家地板有高低差，本身就误差12cm，若再加上干铺法要有5cm的水泥砂厚度，那地板的高度就等于增加了17cm，这会产生什么问题呢？

第一，后阳台的门当初设计是向内开的，也安装好了，若地板加高，会打不开；第二，卧室的地板是用木地板，两者的高低差也在十几cm；第三，室内门皆已做好，全部都不符合现在的尺寸。

那为什么会发生这件事呢？因为装后阳台三合一铝门的与装大门的是两

Step4

Step5

▲ 再浇上水泥砂浆。

▲ ▶ 贴上抛光砖时，要用木槌或橡胶槌敲砖面，让砖与水泥浆密合并调整水平。
图片提供 __今砚设计

个不同的施工队，两个施工队都是用原本的老地板在做高度计算，而且完全没想到地板会倾斜，还斜得那么厉害。

## 施工队顺序要排好

好，以下讨论的这个问题是自己找施工队的人常忽略的：施工队的顺序。

在装修工程中，有些工法会前后相关，前者没做好，后者就没法做；有些则是倒过来，要先请后者来看要打算怎么做，前者再来施工。Juice家

 must know
你应该知道

如何预防地板高度
各算各的

 安全+第一

后阳台门与大门的施工队，最好请同一个，不然，也要同一天进场，然后与地板师傅谈一下地板是否要垫高，垫高多少，再提醒做门的师傅。

另一个方法，是地板拆除完后，就先统一在墙面上标出高度基准线，如一米高，这样不同的师傅就不会各量各的，造成最后衔接时出问题的惨况。

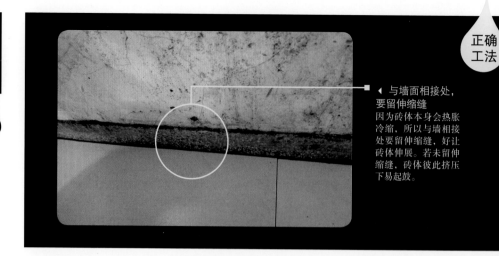

▣ 与墙面相接处，
要留伸缩缝
因为砖体本身会热胀
冷缩，所以与墙相接
处要留伸缩缝，好让
砖体伸展。若未留伸
缩缝，砖体彼此挤压
下易起鼓。

**Tips**
血泪领悟 123

① ▸ 采用平铺法铺抛光砖会让地板增加高度 5cm~8cm，
在装大门、室内门、卧室木地板前，要告知各施工队，
以免衔接时出问题。

之所以会出麻烦就是因为这个顺序没有理清。

这种情形在25年以上的老房子常会发生，可能是地震的关系，或者是一开始地产商就没盖好。所以，装门的施工队都没发现地板高低差，直到做地板的师傅，在量地面时才发现。

最后Juice解决的方式是他们接受有5cm的斜度（后来也没有觉得地面很斜），因此大门不动，裁短了后阳台门与室内门，卧室木地板则加高。你看，就因为没考虑到地板高度，结果又多花了许多钱，自己找施工队的人要多注意呀！

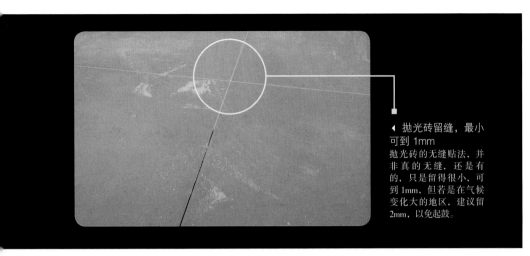

◀ 抛光砖留缝，最小可到 1mm

抛光砖的无缝贴法，并非真的无缝，还是有的，只是留得很小，可到 1mm，但若是在气候变化大的地区，建议留 2mm，以免起鼓。

▶ 地板拆除后，因地板会不平，要在墙面标上高度基准线，如一米，让各施工队统一丈量。

▶ 自己找施工队的人要注意工程顺序，以免白做工。

---

 must know
你应该知道

## 抛光砖的缺点

抛光砖虽然看起来光洁大气，质感一流，但也有缺点。

### 1. 表面会染色
只要饮料一倒，就会留下水渍；即使买了外加纳米表层的，几年后也会因磨损而失去效用。

### 2. 越大片越难施工平整
80×80cm 的工费与材料费都比 60×60cm 多很多，虽然看起来会更气派，但性价比并不高，再加上越大片的砖，平整度越难做，小空间居家实在不需要买 80×80cm 的，当然，除非你有预算。

### 3. 风格有局限
家里的家具质感不怎么样时，或者你家想走乡村风，都最好不要选抛光砖，搭起来会让你家变得俗气。

瓦工工程

# 03

# 砖墙 vs. 轻钢墙的"有所谓"施工法

我很后悔

# 最要命！
# 砖墙一天砌好上漆，
# 封住水汽造成裂痕

**苦主 1_ 网友 Melody**

| 事件 |

某天我发现墙上油漆裂了，就打电话给油漆师傅，他把漆磨掉，发现砖墙也有裂痕，他说可能是砖墙吐潮造成的。原来，砖墙一天就砌好，是有问题的。

**苦主 2_ 网友 Crystal**

| 事件 |

我家浴室是重砌的，在放浴缸时觉得很奇怪，为何浴缸无法完全贴平墙面；仔细看了才发现，新砌的墙没有砌平，是歪的。

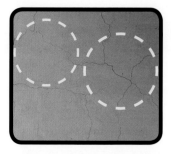

▲ 砖墙的油漆龟裂，可能是砖墙内的水汽造成的。

▲ 砖墙没砌平，浴缸放入后无法与墙贴平。

正确工法

▶ **轻钢墙两侧为防火板材**
轻钢墙为轻钢龙骨，两侧会贴石膏板等防火材料，墙上若要挂物件，则要加多层板。
图片提供_亚凡设计

现在的人什么都赶，但装修可千万不能赶，比如砌完墙后，一定要让砖墙全干，才能批土上漆，否则之后墙面会出现细裂纹；另外，要拉水平与垂直基准线，不能"不拉线或只拉一条线"就砌墙，不精准施工会造成墙不直，日后装窗或放家具易生困扰。

隔间墙一般的做法有两种，一是砌砖墙，一是做轻钢墙。砖墙是用红砖，砌好后表面再上1：2结合砂浆，最后再刮腻子上漆；轻钢墙则是以轻钢龙骨为结构，两侧再贴防火板材，最常见的是石膏板，最后再上漆或贴壁纸。

结合砂浆宜采用1：2水泥砂浆，砂浆厚度宜为6mm~10mm。

砖墙比较贵，轻钢墙则相对便宜，两者各有优缺点，砖墙的隔音效果较好，但价格贵而且施工期长，如果工法不佳的话日后容易开裂。

轻钢墙则质量轻，对**房子的建筑安全危害较小**，且厚度较薄，10cm而已，让室内的空间更大。不过，隔音效果较差，师傅们建议，可以多加层吸音棉。因轻钢墙对建筑来讲负担小，所以若可能的话，建议大家尽量多选择轻钢墙。

### 轻钢墙质量轻，隔音较差
轻钢墙的工法较简单，以轻钢龙骨为结构，在天花板与地板打上槽钢再放支架，前后加9mm厚的石膏板，中间通常会再加吸音棉或隔音砖。但要注意的是：一，吸音棉是岩棉，因纤维很细，若接触了皮肤或吸入了肺部，都有害健康，所以墙面一定要封好，尤其是老房子翻新时，为了配线会切开石膏板，这时要好好封回去，以免岩棉跑出来。

二是石膏板因硬度不够，无法在上头挂东西。若要挂壁灯、黑板或画作之类的，要再多加块18mm厚的多层板，或安装置物五金配件，才有支撑力。

### 砖墙的3种"无所谓"快速施工法
砖墙的工法就比较复杂。首先，红砖"一定要"先浇湿或泡水，因为砖的细孔大，若不先吸水吸到饱，等水泥敷上后，砖就会吸水泥浆的水分，造成水泥易裂。之前也曾发生过砖头泡水后，师傅没有立刻用，隔

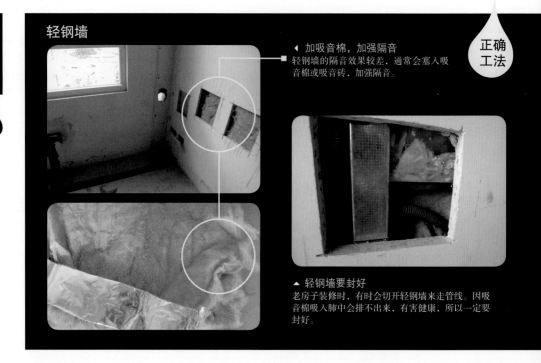

轻钢墙

◀ 加吸音棉，加强隔音
轻钢墙的隔音效果较差，通常会塞入吸音棉或吸音砖，加强隔音。

正确
工法

▲ 轻钢墙要封好
老房子装修时，有时会切开轻钢墙来走管线。因吸音棉吸入肺中会排不出来，有害健康，所以一定要封好。

Tips
血泪领悟 123

安全 ✦ 第一

① ▶ 轻钢墙上无法挂物件，若有挂物件的需要，记得加片 18mm 厚的木合板。

② ▶ 考虑到建筑的安全性，做隔间仍以轻钢墙为佳，且价格也较低，厚度也较薄，室内空间会更大。

天要用时，却忘了再用水浇湿，砖都干了，砌的墙当然还会裂开了。
真的是只要是"人"在做，就什么状况都有。所以，记得监工要确认砌墙前的红砖必须是湿的。

再来，砌完墙后，一定要让砖墙完全干了，最好等3周以上再刮腻子上漆（或封板上漆）。不然砖墙内的水汽会被封在里头，日后慢慢散发，就会造成油漆或水泥层有裂痕。但现在师傅们都要赶工，还没等到水泥干透，就会上漆或封板。那拜托一下，若天气好的话，也至少等个2周吧。

再回到上一句话，"但现在都要赶工"，为什么一定要这么赶？这也不一定是师傅的错，或许是房主赶着入住，或像网友Melody，她家是找施

## 砖墙

▲ 水电撤场前得先砌好墙
砖墙属瓦工工程，但若要在砖墙走电路，就得请瓦工师傅在水电撤场前先做好墙，因为墙还要等散水汽，最好提早砌墙。

▲ ▶ 砌墙时，要用定位仪
定位仪会射出8条红光线，可测墙体直不直，也可在壁上标出垂直线或水平线。

▲ 水平尺确认水平
每隔几个砖，就应用水平尺量一下是否达到水平。

◀ 利用白线拉出基准线
墙要砌得直，得用白线。拉出基准线，白线可多拉几条，会更精准。

工队一个一个接班做的，瓦工与油漆是一个统包，且要花1~2小时车程才能到她家（因为郊区师傅报价最便宜），施工队当然是能一天做好就一天做好，少来一天，成本就再少一点。报价那么低，能多赚一点的方法，就是靠快速施工。

"无所谓"快速施工法，除了Melody家这种墙未干透就上漆的，还有第二招"不拉线就砌墙了"。理论上，墙要砌得直，是要靠机器定位仪去量基准线，再拉白线定位置。通常一面墙每隔1米会拉2条线。但是，拉线也要花时间；有的老师傅会说他经验丰富，目视也能直，就省略了拉线，这是偷工，请别相信这种话，人的眼睛是有局限的，远远不如仪器可靠。

正确
工法

◀ 新旧墙相接处
要打钉或植筋
新砌的墙和原先旧
墙间，要打钉或植
筋做连结，在地震
时才不易有裂痕。

Tips
血泪领悟 123

安全＋第一

③ ▶ 砌砖墙时，砖一定要吸饱水，且要等至少 2 周，最好是 3 周
以后，才能上漆，好让砖墙的水汽散出，以免日后有裂痕。

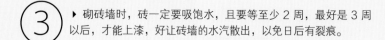

不过，若一面2米宽的墙只拉1条线，还是会有师傅砌出歪墙来。如果
墙砌歪了，会造成铝门窗装不上去，或是出现较大的缝隙；放家具
时，也会发生无法贴墙而放的困扰。

第三招"无所谓"快速施工法，就是不打钉或不植筋。理论上，新墙与
旧墙之间要打钢钉或植钢筋，再来砌砖墙。不然，衔接处在地震的摇晃
下，易有裂痕。Melody家是旧墙旁接出一段新墙，没有打钉，就直接用
水泥封了起来。

请大家记得，"羊毛出在羊身上"，不是说便宜的一定不好，但远低于
市价的，在施工上很少见到还可以保证质量的。但姥姥觉得也不能全怪
施工队，你要低价，他要饭碗，且他也帮你想出了低价的做法，讲到
底，是房主自己的选择。

就像Melody，问她是否会因此愿意多花个1万元找个好的瓦工师傅，她其
实还是不太愿意的，因为有裂缝，也就是不太好看而已，再重新划腻子

◀ ▲ 砖墙不能一次完工

砖墙一天最高就是砌 1.5 米，不能一天就从地板砌到天花板，下方砖体会歪掉。 图片提供__ AYDESIGN。

 ▸ 要以水平定位仪拉线，墙才砌得直。

 ▸ 新墙与旧墙衔接处要打钉或植筋。

上油漆，大体上还过得去，只要墙不倒，她还觉得是省到了。

所以，每个人的选择不同，在预算与质量之间的平衡也要自己抓。但我想，现在大家看了这一章，应该能了解砌墙的做法，至少，也是在意识清楚的状况下做的决定，没被人糊弄，也就可以了。

 must know
你应该知道

墙不能一天就砌完

墙不能一天就砌完。按照规定，每天只能砌 1.2 米高，但现在为了赶工，大家就睁只眼闭只眼，勉强砌 1.5 米高，但绝不能一天就把墙从地板砌到天花板，因为砖墙有重量，一次砌太高，下面容易歪掉。

# 只挑好窗还不够，施工也要按步走

我很后悔

苦主 _ 网友 Juice

## 最漏气！
## 铝窗填缝不实，漏风也漏水

| 事件 |

老房子翻修时，我家把铝门窗全换了，在验收时，幸好我们是一扇一扇检查的，其中大部分都没问题，但就是有一两扇的窗框填缝不实，水泥有裂缝。若不是好好检查，应该也看不到。另外，后阳台的铝窗更扯，在外面衔接收边的地方，没有打玻璃胶，天啊，看来师傅不知道雨是下在外头的，不知道会渗水吗！

▲ 瓦工师傅在铝窗外填缝，有的有填平，有的没有，要看概率与师傅当时的精神状态而定。

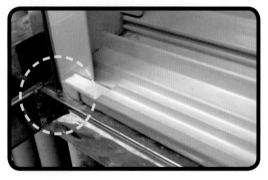

▲ 这是后阳台的铝窗，在铝窗外头与铝架交接处，没有上玻璃胶。

之前有朋友问我："我家已经是用很顶级的气密窗了，为何还是会漏水啊？"是的，好的窗子没有配合好的工法，也是没用。铝窗工程其实比较容易，为何还会常出问题？是因为这个工程需要 3 个施工队来做，然而，拆除、瓦工与装窗的，常常不是属于同一团队。

 瓦工工程也包含铝门窗的填缝，若填得不好，日后窗户就易漏水，且概率还挺高的。

之前有朋友问我："我家已经是用很顶级的气密窗了，为何还是会漏水啊？"嗯，这个问题很好，我们知道不是有了好的咖啡机，就能煮出好喝的咖啡，同样，好的窗子没有配合好的工法，也是没用的。就算窗子不漏水，旁边墙壁有裂缝，结果还是漏（因为窗户正好是结构上承受压力大又脆弱的地方，所以窗的四角产生裂缝也很常见）。

## 铝窗漏水3大原因

### 1.窗的四周没有一起填新水泥。

装铝窗得从拆除就注意，要把内墙四角都敲掉，装好窗后，先把四角用水泥砂浆重新填平，因为只填窗缝可能会造成新水泥与旧水泥衔接处仍有细缝而造成渗水。接下来，要用弹性发泡填缝剂加压灌入窗框与墙体间的缝隙，直到填满溢出，一定要到溢出才代表填满了，再刮除溢出的填缝剂。

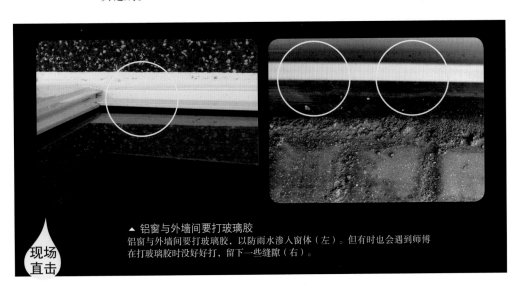

▲ 铝窗与外墙间要打玻璃胶
铝窗与外墙间要打玻璃胶，以防雨水渗入窗体（左）。但有时也会遇到师傅在打玻璃胶时没好好打，留下一些缝隙（右）。

现场直击

▲ ▶ 窗与墙之间，用发泡剂填缝
窗子装好后，在墙体衔接处会有缝隙，要灌入
发泡剂到溢出，才能确保有填满，之后会再刮
除溢出的部分。有的师傅会用铲子填水泥浆，
是无法完全填缝的。图片提供__ Jeff

正确
工法

▶ 水泥枪可灌注填缝材料
也有的师傅会拿水泥枪来灌注填缝材料，
但一样得灌到满出来，才能完全填缝。

有的师傅会只用铲子填入水泥砂浆，因为缝很小，若无加压，无法保证
能灌满缝隙，日后就易造成漏水。

**2.外墙的瓷砖没有补，只用水泥填平，也没做泄水坡。**
填完缝，要等水泥干透，再刮腻子上漆，或者贴瓷砖。若拆窗时也有
拆外墙，在填平时，记得下窗框的外墙要做泄水坡。拆除时敲掉瓷砖
者，最好把砖补回来，因水泥易裂易吸水，只填水泥的话，日后漏水
的概率较高。

▲ ▶ 记得敲除窗内角旧水泥，再重新填平
窗的内角要敲除旧水泥墙，再把四周用水泥填平，才能防水。等干了以后才
能再刮腻子上漆。

◀ 装大片的窗玻璃时，使用
固定吸盘
装铝窗的大片玻璃时，要用固定
吸盘，以免玻璃从高楼坠落。

**3.铝窗与外墙墙面没有补玻璃胶。**

窗子与外墙间会有缝隙，一定要打玻璃胶收边，这部分的工序多是由
装铝窗的师傅来做。其实，这也是常识了，但有的师傅就是会"不小心"
漏掉，这很麻烦，因为房主验收时，要一面面窗都去检查。

还要注意玻璃胶是否都有"打好"，有的师傅会打得歪歪的，收边也
会出现空隙。若是发现没涂好就要重涂，做好了才能防水。

玻璃胶分中性、水性与酸性。一般外墙都用中性，但经过数年的日晒雨淋

◀ ▲ 窗框要保护，以免沾
到水泥或者遭到撞击
窗装好后，要保护好，不然施
工时，可能师傅一个不小心，
就让窗框沾到水泥（左图），
或者被撞破（上图）。

Tips
血泪领悟123
安全+第一

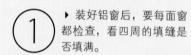
① ▸ 装好铝窗后，要每面窗
都检查，看四周的填缝是
否填满。

② ▸ 下窗框的外墙要做泄
水坡。

后会脆化，这时要重新剥除，涂上新的玻璃胶，不然雨水容易渗入。

## 铝窗施工考验施工队衔接默契

铝窗工程算是容易的，但为何常出问题，是因这个工程需要3个施工队来
做，拆除、瓦工与装窗的，若不是同一团队，彼此可能不好意思点出其他
施工队的问题。当然，就算是同一团队，也不代表质量就一定没问题。

较糟的是，施工队认为房主不懂。因为大部分人只看重铝窗是否隔音防
水，但很少人会注意施工，而且，装好后也要下好几天的雨才会发生漏
水，那时候，早就过了最佳的施工期了。还好，水泥填得好不好，有没
有打玻璃胶，一看就知道了，我们好好检查也就没问题。

最后提醒，铝窗在瓦工工程退场前，就应装好，若之后还有木工或油漆
等工程，则要做好保护，以免窗体被敲到而受损。

正确<br>工法

◀ 下窗框的外墙做泄水坡<br>下窗框的外墙（有铺瓷砖处）也要做泄水坡，以免积水，日后渗入室内。

 ▶ 铝窗与外墙衔接处，要打玻璃胶。

 ▶ 窗框与墙体之间的缝隙，要用弹性发泡填缝剂灌满，才能防水。

 ◀)) must know<br>你应该知道

记得取出窗框下<br>暂垫的小木片<br>安全＋第一

在瓦工工程没做好时，怎么固定铝窗也有学问。有的师傅会用小木片或报纸，暂时塞在窗框下，好固定窗框量水平，但常常在做瓦工时，"忘了"把这些小木片拿出来，就一起用水泥封住了。这些小木片会吸水，时间久了会腐烂，在水泥中留下空隙，容易造成漏水。所以最好还是使用钢制固定架为佳。

▶ 装窗时，要提醒师傅使用固定架，尽量不要用木片或报纸来塞，以免忘了拿出来，封进水泥中。图片提供_亚凡设计

139

# 瓦工，你该注意的事

瓦工的基本工作就是补平墙面，包括补平拆除施工与水电施工在家里挖出的许多孔洞。另一个工作重点就是铺砖，在厂商送砖到现场时，每片都要检查，尤其是 60cm 见方以上的大砖，要检查砖的平整度好不好、有没有破损等。

再来看一下施工时，还要注意哪些事。

**提醒 1** 回填墙壁、地面孔洞时，要注意是否补平

新旧之间衔接处常会不平，可用镘刀或抹布海绵等擦平，好处是日后油漆面会较平整好看，有的师傅会懒得抹平，所以我们要注意盯一下。不过，也不能补得太满，以免之后的油漆师傅不好刮腻子。

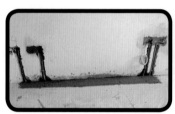

▲ ▶ 瓦工师傅最后会把所有孔洞、管线沟槽、门框窗框都封平。

▲ ▶ 新旧墙之间要抹平墙面，不然凹凸差太多，会看到衔接的痕迹。

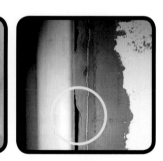

▲ 门套也要靠水泥填缝，此照片可看出，师傅也是随便填，里头仍有缝隙。

**提醒 2** 瓷砖记得留备料，以备日后维修

地板或墙壁砖料最好多留2~5块，有时，设计师或施工队为降低成本，会找来商家的绝版砖或出清货，若日后瓷砖破损，你会找不到一模一样的砖，所以最好自己留点备料。

▲ 瓷砖要留备料，以免日后维修时，找不到一样的砖。

**提醒3** 文化石注意底部抓力

文化石是近年来颇受欢迎的建材，贴文化石时，若直接在光滑面的墙上涂黏着剂，抓力略嫌不足；可以先贴表层粗糙的多层板或将水泥墙表层打毛，文化石即可有更好的附着力。记得，先标出贴砖的基准线，文化石才不会贴歪。

▲ 背墙要用粗糙面，文化石的附着力会更好。

▲ 转角的地方要用转角砖，才好看。

 **must know** 瓦工省钱招

看不到的地方打底就好，不必贴砖

 安全第一

敲除完的墙面要重新用水泥打底，好，这里有个重点，若之后这面墙会被柜体挡住，那就可以让瓦工师傅只做一层抹灰就好。厨房和更衣室都可以这么做。

解释一下，一般墙面的抹灰工程有两道程序，一是打底，把敲除后的墙面抹平，但表面很粗；二是面层，就是用较细的水泥去抹，墙面较平整；因为每道工序都是一种费用，若墙面有柜体遮住，看不到里头的墙面是粗是细，就可把第二道面层的费用省下来，只用打底就好，当然也不必贴砖了。

 case1 衣柜背墙

这块凹进去的地方刚好拿来放衣柜，因为墙面会全部被衣柜挡掉，所以只做抹灰打底，连面层都不用做，可省下一笔费用。

case2 橱柜背墙

厨房的墙面几乎被橱柜遮住，若没预算的话，也可以用水泥打底就好，不必贴砖。因厨具高度只到240cm，上方的空间可由木工师傅做个木假梁包起来。

PART **E**

# 厨卫工程

关于装修，很多人只想更新厨房或卫浴，所以我把这部分独立出来做一章节。厨卫工程可分两部分：一是瓦工工程，包括做防水、做泄水坡、贴砖等；一是设备工程，就是橱柜加电器、卫浴马桶、洗手台、浴缸与淋浴花洒等。

卫浴工程比厨房工程复杂许多，尤其是要"创造"新卫浴或移位。里头会牵涉到移管线、垫高地板以及防水等问题。新卫浴应该离管线越近越好，因为管线拉太远，代表地板要垫得更高，会加重大楼地板的承重能力。而多数瓦工师傅并不懂建筑结构，到时问题可能会很多。所以，绝对不是师傅说管线能拉多远，就拉多远哦。

## point1. 厨房卫浴，不可不知的事

[ 重点 1] 卫生间吊顶有 2 种选择
[ 重点 2] 拉管线的 5 大要素
[ 重点 3] 隔墙最好用砖墙
[ 重点 4] 别忘记用玻璃胶收边
[ 重点 5] 卫生间门选择防潮湿材质
[ 重点 6] 卫浴设备高度要测试
[ 重点 7] 厨房灯光要明亮
[ 重点 8] 厨房电器柜要先量好尺寸
[ 重点 9] 炒菜的工具全要靠近炉灶
[ 重点 10] 加升降式五金篮更便利
[ 重点 11] 零碎空间可塞入抽拉柜
[ 重点 12] 三合一阳台门通风又采光
[ 重点 13] 拉篮代替抽屉更省钱
[ 重点 14] 加收纳刀叉的抽屉
[ 重点 15] 厨房拉门可防油烟散逸
[ 重点 16] 要留维修孔

## point2. 容易发生的 7 大厨卫问题

1. 最抱歉！卫生间防水没做好，楼上洗澡楼下下雨
2. 最无语！填缝太赶，白的变黑的
3. 最潮湿！卫生间门槛没做好，水渗入卧室木地板
4. 最操劳！做了泄水坡，仍要扫积水
5. 最不便！地漏设在"狭路"中，很不好清理
6. 最犹豫！用浴缸好，还是淋浴就好？
7. 最酸痛！消毒碗柜装太高，天天手酸脖子疼

## point3. 厨卫工程估价单范例

| 工程名称 | 单位 | 单价 | 数量 | 金额 | 备注 |
|---|---|---|---|---|---|
| 卫生间 / 厨房地面及墙面防水工程 | 平方米 | | | | 含墙壁壁癌处理<br>防水浆料、防水胶品牌为 ××<br>防水浆料上 3 道，<br>防水层从地板到天花板 |
| 卫生间贴地砖工资 | 平方米 | | | | |
| 卫生间地砖材料费 | 平方米 | | | | 瓷砖 /30×30cm/×× 系列 / 白色 |
| 卫生间贴墙砖工资 | 平方米 | | | | |
| 卫生间墙砖材料费 | 平方米 | | | | 瓷砖 /60×30cm/×× 系列 |
| 厨房贴地砖工资 | 平方米 | | | | |
| 厨房地砖材料费 | 平方米 | | | | 瓷砖 /30×30cm/×× 系列 / 白色 |
| 厨房贴墙砖工资 | 平方米 | | | | |
| 厨房墙砖材料费 | 平方米 | | | | 瓷砖 /60×30cm/×× 系列 |
| 大理石门槛 | 支 | | | | 卫生间及卧室门，<br>卫生间门槛做防水墩，参见本书指定作法 |
| 卫浴设备：包括马桶、洗手台、淋浴花洒、暖风机等 | | | | | 各设备的品牌名与系列型列出即可，<br>如马桶 / 品牌 /CF1340-30cm+M230<br>面盆 / 品牌 / 下嵌式施工 / 品项 L546GU |
| 厨柜 | 式 | | | | 几厘米长，几厘米深，含人造石台面，水晶门板加嵌把手<br>参照厨具设计图 |
| 铝抽屉 | 组 | | | | 滑轨 /×× 品牌，长几厘米 |
| 不锈钢水槽 | 个 | | | | ×× 品牌 / 型号 KL-101 |
| 灶台下不锈钢拉篮 | 个 | | | | |
| 两用水龙头 | 组 | | | | |
| 踢脚线 | 厘米 | | | | 铝制 |
| 电器：烘碗机、抽油烟机、煤气灶等设备 | 台 | | | | 列出品牌 / 型号 |

# 卫浴怕漏水，
# 防水该做几层才安心？

**你要当心**

师傅 _ 瓦工林师傅

## 最抱歉！
## 卫生间防水没做好，
## 楼上洗澡楼下下雨

| 事件 |

卫生间的防水通常都做得不错，但偶尔还是会听到一些凄惨的事情，像楼上洗澡时，楼下会滴水。所以再提醒一下，防水做完后，蓄水试验是很重要的。

装修卫生间时，要特别注意防水工程。

**正确工法**

高度到吊顶

防水浆料

▶ **防水从地面到吊顶**
卫生间防水层的高度最好从地板到吊顶，最好也要180cm高。

防水层就是涂刷防水浆料，地面和墙面都要抹 2~3 次。但也不是越多层、越厚就越好。因为防水浆料做太厚，表层与里层的水分散发速率不同，反而易裂。一定要"薄涂多层"，一次均匀涂薄薄一层，薄，才易干透。

 我们先来介绍防水的做法。卫生间壁地面都要做防水，通常会从卫生间壁面先做，再做地板。

防水层怎么做，去逛一下卖防水材料的官网，都有好几千字、非常详尽的解释，放心，姥姥不会照抄来给大家，太浪费版面了。我们来谈最不容易做到的部分即可。

### 一，基底层要够平，要够干净

基底层要干净，水泥砂浆打底的附着力才会好，但就是有师傅懒得清土块、砂石。另外，若要敲除原地板，基底层会很不平，就得先水泥粗胚打底，并且把泄水坡做好。之后等水泥干，再上防水层。若水泥地板不是太粗糙，也可不必打底，直接上防水层。

### 二，防水浆料要"薄涂多层"，等干透才能进行下一道

防水层就是涂刷防水浆料，地壁面都要抹2~3次。但也不是越多层越厚越好，姥姥就曾听设计师说："我们防水做得很扎实，做7层以上，所以收费较贵。"听他在乱盖。因为防水浆料做太厚，表层与里头的水分散发速率不同，反而易裂，当然不是好事。

防水材一定要"薄涂多层"，也就是一次均匀涂薄薄一层，分多次涂，因为薄，才能干透。防水浆料是需要干透后，才能形成"膜"来防水。每次涂的方向要相反，一个是直涂，另一道就要横涂。

在地漏、套管、卫生洁具根部、阴阳角等部位，可再加强涂刷，但之前水泥砂浆在根部要先做圆角，才好上防水材。在涂刷防水浆时，若流到阴角也要刮除，以免积太厚而开裂。

但问题来了，怎样叫"干"？许多师傅的看法都不一样，在众多达人吵过之后（不是啦，是讨论过后），认为手摸不黏、不剥落即可。不过姥姥查到K11防水工法，厂家认为"必须在地板行走时不会破坏表膜"。

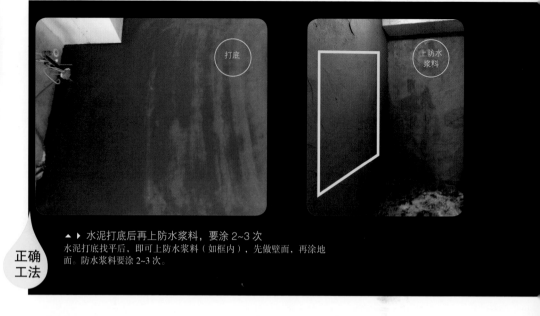

打底

上防水
浆料

▲ ▶ 水泥打底后再上防水浆料，要涂 2~3 次

正确
工法

水泥打底找平后，即可上防水浆料（如框内），先做壁面，再涂地
面。防水浆料要涂 2~3 次。

Tips
血泪领悟 123

① ▶ 防水浆料要擦 2~3 次，每次要等前次干了再擦。

为什么大家会这么在意什么叫"干"，因为会影响到"等待的时间"。
以手摸不黏来看，通常得等2~4小时（看天气），许多师傅不愿等那么
久，就会以表面略凝固当基准，这是不对的，因为防水膜若没有干，膜
就不易成型，日后漏水几率会较高。

三，防水浆料涂完后，养护3~7天才能贴砖

常见的防水浆料有两种材质：树脂型和硅酸质型。树脂型要干燥养护，
但记得"千万别用电风扇吹"，但有师傅为加速干燥，这样不好。

硅酸质的防水材则要"喷水"养护，这很重要，这材质是要有水才会结
晶，时间越长结晶越密，填缝就越完整。

除了卫生间，一般还会做防水的还有后阳台，那厨房、客厅和餐厅要不要
防水呢？这就看个人选择了，大部分都没做；我们回到要做的原因：常会
积水或会用大量水冲洗地板的地方，我们才加防水层。以这个原则来看，
客餐厅就不用了，若你有洗厨房的习惯，当然也可在厨房做防水。

▶ ▲ 防水浆料要注意制造年份，最好是一年内的新品，放太久的易受潮或结块。图片提供 _ AYDESIGH

◀ 墙角四周涂防水胶
做完防水浆料后，可在墙角四周（黄线区块）加强涂布，增强防水力。

 ▶ 做好防水层后，要养护数日，才能贴砖。

 ▶ 贴砖前要蓄水试验，测试有无漏水。

 must know
你应该知道

## 防水层完工后，要做蓄水测试

防水层做得好不好，并不在防水材使用多少层或用多贵的材料，而在有没有确实形成防水层。因此养护好后，就可做蓄水24小时试验，只要不漏即可。

方法是先把地漏关起来或拿东西堵住，再将卫生间地板放满水或大量水一次倒下去，24小时内，楼下邻居都没上来敲您家大门（当然，要先跟楼下打声招呼，不然你试水试半天，楼下根本没人帮你看）。

若有漏水，这时尚未贴砖，补救成本较低。试水没问题，就可以用益胶泥或水泥浆贴砖了。另一次蓄水试验是在设备装好后，再做一次较保险。

◀ 蓄水可以测出防水有没有做好。先把地漏关起来，把地板倒满水，再一次漏下去，24小时内看楼下可有漏水。

卫浴工程

## 02

# 瓷砖填缝，
# 要等24小时

我很后悔

😧 苦主 _ 网友 LULU

## 最无语！
## 填缝太赶，
## 白的变黑的

| 事件 |

我家卫生间瓷砖的缝隙填缝后，墙面地面都有问题，地面有点黑黑黄黄的。问过装修师傅，他说以后擦擦就会掉了，结果我擦了3天都没掉。打电话问他，他说用漂白水再擦就好了。我用了漂白水后，一样是黑黑黄黄的，根本擦不掉。墙面的砖则是"泪流不断"，许多砖的四角都被白粉淹没了。

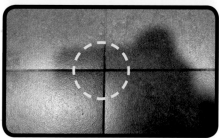

▲ 还没使用过的卫生间，在地板填缝处就已有黑黑灰灰的色块。

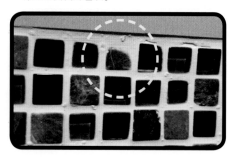

▲ 瓷砖的角被填缝剂一起填掉了，每个砖的大小就变得不太一样。

148

为什么瓷砖一定要填缝？主要是因为砖与砖之间的缝隙底材是水泥，水泥毛细孔大，最容易藏污纳垢，也会吸水，容易发霉；涂上填缝剂后，就不容易发生以上的事。

10年前的房子还很少有填缝的，现在则很少"没有填"的。这样的小工法，也有做不好的吗？有的，看LULU家的卫生间马赛克砖，填缝剂就越界把砖的边角吃掉了。这是因为填缝后，要立刻擦拭多出来的粉，不然干了就擦不掉了。LULU家的师傅就没用心，没好好擦拭。

另一个没用心的地方，是师傅在施工时手或鞋子不干净，弄脏了填缝处，造成缝隙还没使用就黑黑灰灰的。但这部分就算提醒过师傅，工程变量多，也很难全部都保持洁净，只要面积不太大，我想大家也不用太苛责。

### 至少24小时后才能填缝

填缝剂容易出问题的地方不是材料，而是师傅的细心度与"时间"。

为什么说时间重要呢？"理论上"要瓷砖贴好后48小时再填缝，好让砖

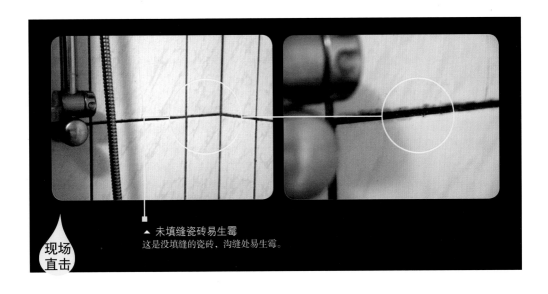

▲ 未填缝瓷砖易生霉
这是没填缝的瓷砖，沟缝处易生霉。

现场
直击

正确
工法

◀ 細心施工，小马赛克
砖一样搞定
即使是马赛克砖，细心的
师傅填缝，也不会出现砖
被填缝剂淹没的情形。

墙内的水汽散出散干，不然一填下去把水汽封在里头，日后填缝或瓷砖可能会因水汽变色，变得有点黄黄脏脏。

但现在师傅们可能无法等那么久，常常是隔天就填缝，师傅说，能隔24小时也还可以，但有的人要赶工，根本不等这24小时，上午贴完砖，下午就把缝给填下去。

为什么瓷砖要填缝？姥姥家的卫生间瓷砖常会黑黑脏脏的，洗都洗不掉，我以前涉世未深，一直以为是瓷砖发霉；其实，我怪错人了，这些都不是瓷砖的错，问题出于砖与砖之间的缝隙。

砖与砖之间的缝隙底材就是水泥，水泥毛细孔大，最容易藏污纳垢，也会吸水，所以容易发霉；涂上填缝剂后，就不易再发生以上的事。

填缝剂很便宜，每公斤11元~20元左右，若要再加防水防霉功能的，会贵一些，约20元~30元左右。一般师傅都用一般的填缝剂（顶级填缝剂的吸水率会较低），从老家与朋友家的经验来看，也没什么问题，最大的问题只是容易看出脏而已。

### 填缝剂可选色，耐脏污最优

很多人爱用白色的填缝剂，但其实填缝剂有很多种颜色，黑白灰蓝绿黄红都有，最易看出脏的就是白色了。师傅在做瓦工时，常是上一步在涂

 must know
你应该知道

# 卫生间贴砖前要先放样

卫生间的墙面地面贴砖现多采用湿铺法，就是打底用加水的水泥砂浆，打底完成后再贴砖。因为墙面地面的面积大，在贴砖前记得要先"放样"，就是用红线标出贴砖的位置，贴出来才会整齐。有的自我感觉良好的师傅会自认经验丰富，而不放样或忘了放样，结果就可能会贴得歪歪的或缝隙大小不一，交付时，房主就只有傻眼的份了。

▲ 为了瓷砖的整齐，放样是很重要的。

▲ 卫生间的小瓷砖地面会用湿铺法。

▲ 湿铺施工底层用的水泥浆。

▸ 卫生间最好选防滑砖，以免滑倒。

▲ ▶ 墙面砖填缝美感加分
与尚未填缝的墙面相比，填缝后，瓷砖片片分明，
两者的外观差别很大吧！图片提供__集集设计

填缝前

填缝后

Tips
血泪领悟 123

安全+第一

① ▶ 贴完瓷砖后，最好过 24 小时以上再填缝。

水泥浆，下一步就填缝，所以不小心就会弄脏，变得黑黑的；洗得掉吗？抱歉，没干时还可挖掉重补，只要干了，都洗不掉。因此要记得，填缝后隔天要做保护。

所以，建议能不用白色就不用白色，尤其是地面，可选灰色系或带颜色的，较不容易看出脏。但若是墙面因为砖色的关系，还是配白色缝好看的话，这时就看房主的选择了，也不是一定不好，很多是价值选择的问题。

▲ 刷子清沟缝，施工好讲究
用刷子刷每条沟缝，是更讲究的工法。因为文化石的线条
不直，填缝时易造成凸起，要用刷子刷过才会平整，当然，
这种工法的报价会高一点。

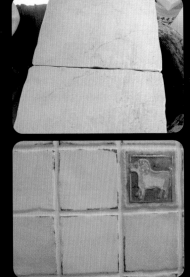

▲ 仿古砖留缝适宜大一点
因为砖体本身切边非直线，再加上会热
胀冷缩，所以砖缝要大点，好让砖体伸
展。若未留够伸缩缝，砖体彼此挤压下
容易起鼓。

 ▶ 先跟师傅讲好，不希望验收时看
到砖的四周被填缝剂淹没，师傅就会
好好擦拭。

 ▶ 白色填缝剂易脏，可选灰色系或
其他颜色。

再提醒一下，铺乡村风仿古砖的人：一般现代风多是铺抛光砖或板岩
砖，这些砖的缝可以留得比较小，最小可到1mm（气候变化大的地方，
最小只能到2mm）；但仿古砖的边缘多数不是完全的直线，若贴得太
近，会不好看，好像砖做得不好似的，所以缝会留得较大，约0.5~1cm，
要多大，纯看个人主观认定；但配色就很重要了，若是红砖，通常会用
带点黄的缝色。

这项填缝工程很简单，现在的填缝剂都是调好了的，只要加水即可施
工，若觉得自家厨房或卫生间的砖缝常发霉，也可以买来自己填。

# 卫生间要做止水墩，门槛要选"冂"字型

我很后悔

网友鸡肉卷的新家卫生间，交房时门套与门槛"分开"，中间还留了条缝。

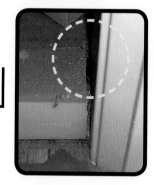

## 最潮湿！
## 卫生间门槛没做好，
## 水渗入卧室木地板

苦主 1_ 网友 Julie

|事件|

我家卧室铺木地板，有天发现离卫生间较近的木地板起鼓了，墙脚也有点湿湿的。我们找防水师傅来看，本以为是水管漏水，师傅一看就说，应该是门槛的防水没做好，水从门槛下渗出来了。

苦主 2_ 网友鸡肉卷

|事件|

我找了个统包的施工队，结果家里的工程统统出问题。卫生间的门槛与门套之间还给我留了条缝，这是当排水用？要卫生间的水排到卧室吗？

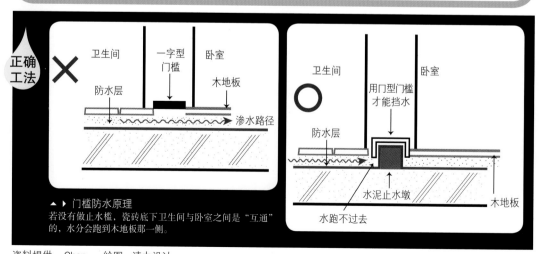

正确工法

**✕** 卫生间　一字型门槛　卧室

防水层　　　木地板

渗水路径

▲ ▶ 门槛防水原理
若没有做止水墩，瓷砖底下卫生间与卧室之间是"互通"的，水分会跑到木地板那一侧。

**〇** 卫生间　　　　卧室

用门型门槛才能挡水

防水层

水泥止水墩

木地板

水跑不过去

资料提供_ Chan　绘图_读力设计

有没有遇到过卫生间的水渗到卧室的状况？门槛之所以会渗水，就是没做止水墩。此外，先做门槛，再做门套，门槛得完全顶到左右墙两端，门套两侧是置于门槛上，否则久了水仍会从门套处渗出。

卫生间的门槛做不好，是很常见的疏忽。渗水有各种不同的表现方式，比女神Lady Gaga还懂得标新立异，今天让墙角的踢脚板发霉，明天让门槛旁的木地板变形。

卫生间门槛怎么做？下一页再讲，但我们先来看为何门槛会渗水，麻烦各位参照左页下方的图解。

门槛表面上是比地板高，阻隔卫生间与卧室，但是在瓷砖底下，卫生间与卧室之间是"互通"的。因此当门槛附近有水渗到防水层时，就可能引起虹吸效应。水分会自动沿着砖下水泥浆内的细缝，跑到没有水分的木地板那一侧。

### 没做止水墩，门套偷渗水

不过，只有卧室是铺木地板时，才要特别注意门槛的防水做法，因为木地板会吸潮，即使是少量的渗水，久了就易变形。若卧室铺的也是瓷砖，那这篇就不必看下去了，因为瓷砖吸水率很低，卫生间又有泄水坡的设计，不需要太担心。

有没有什么办法可以防止水分从卫生间跑到卧室呢？有的，做"止水墩"。在门槛下方做个比地板还高一点的平台，并且采用门型门槛，在门槛内填满防水泥浆，如此即可增加断水长度，挡住虹吸效应，防止渗水。

但门槛的工法若只在交付时去看，是什么都看不到的。所以卫生间防水工程完工后（就是等防水浆料干的时间），就要到工地去巡查，只要看门槛处有没有做突起的平台即可。

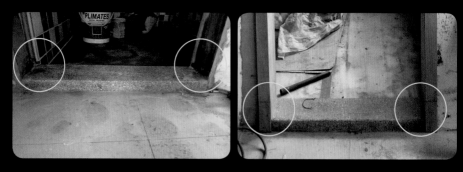

正确
工法

▲ 先做门槛后做门套
门槛两侧要做到与墙相连，门槛做好后，再做门套，水才不易从门套下渗出。

Tips

血泪领悟123

安全+第一

① ▶ 门槛下方要做止水墩，可以用水泥浆或防水浆料来做。高出 1~2cm 即可，不能太高哦！

② ▶ 要用"门"型门槛，增加断水路径。

 must know
你应该知道

卫生间门槛怎么做？

安全+第一

第一步：要做止水墩
门槛会渗水的原因，第一是没做止水墩。止水墩可用打底的水泥做，或是用防水浆料做。瓦工林师傅说，高1到2cm即可，因为还要考虑门槛的高度，超过卫生间瓷砖及卧室木地板即可，但做太高也不行。

第二步：要选门型门槛
门槛有很多样式，材质有人造石或大理石等。记得要选门型的，不能用一字型的喔，因为一字型的无法防渗水。

第三步：先做门槛，再做门套
先做门槛，卫生间门套要后做。门槛要完全顶到左右墙两端，门套两侧要置于门槛上，横拉门的门套也一样，否则久了水会从门套处渗出。

第四步：接缝处上玻璃胶
做好门套后，所有衔接处都要封上玻璃胶。

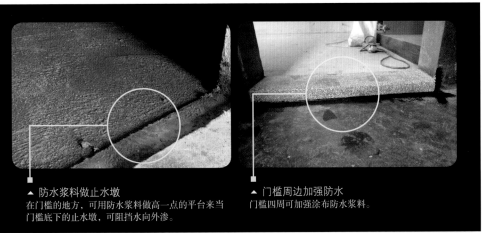

▲ 防水浆料做止水墩
在门槛的地方，可用防水浆料做高一点的平台来当门槛底下的止水墩，可阻挡水向外渗。

▲ 门槛周边加强防水
门槛四周可加强涂布防水浆料。

③ ▸ 门套要后做，两侧要在门槛上方。

④ ▸ 还是看不懂门槛该怎么做吗？没关系，把这本书拿给瓦工师傅看，他应该会懂的，若不懂，劝你换个施工队。

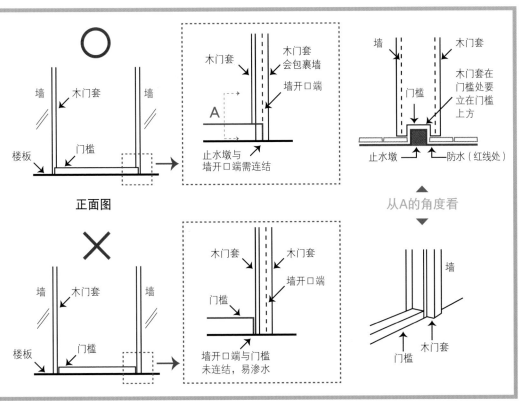

**正面图**

墙　木门套　墙

楼板　门槛

木门套
木门套会包裹墙
墙开口端
A
止水墩与墙开口端需连结

墙　木门套
门槛
木门套在门槛处要立在门槛上方
止水墩　防水（红线处）

**从A的角度看**

墙　木门套　墙

楼板　门槛

木门套　木门套
墙开口端
门槛
墙开口端与门槛未连结，易渗水

墙
门槛　木门套

资料提供_ Chan　绘图_读力设计

157

# 04 泄水坡没做好，卫生间地板出现小水洼

我很
后悔

苦主 _ 网友 July

## 最操劳！
## 做了泄水坡，
## 仍要扫积水

淋浴间靠近门槛的地方，每次洗澡后，都有积水，要自己把水扫掉，才会干。

| 事件 |

卫生间做好后，我们就发现淋浴间的门槛内侧有积水，跟师傅反映，师傅说：没问题，做了泄水坡，过一些时候就会干了。看他那么有把握，话也说得坚决，我们就放心了。住进去后，发现积水处根本就不会自己干，每次都是我们自己把水扫掉才会干；打电话给师傅，他说，那可能要重做，要重新估价，重做不收他自己的工钱只收材料费，但仍要补交通费。我老公嫌麻烦，而且做一次工期要 3 到 7 天，我们只有一间卫生间，这几天要去哪洗澡，况且我们已经没有什么钱了，积水也不多，就算了，唉！

正确
工法

▶ 淋浴间要有自己的泄水坡
卫生间内设有淋浴间时，淋浴间的内、外都要做泄水坡。

▶ 马赛克砖不易积水
小尺寸的马赛克砖因缝隙多，泄水较快，较不易积水。

已做泄水坡后仍会积水的原因有二，一是贴工不好，二是砖本身的问题。理论上地砖会向着地漏的方向倾斜，但有时师傅贴砖弄错了方向，该低之处变平了或变高了，又或者砖本身就是不平的，这些都会造成积水。

 卫生间泄水坡的工法表面说起来大家都会，但做得好不好，就看师傅手艺了。泄水坡的斜度，是从最边缘处到排水口（地漏）的距离，每隔1米下降1cm。若卫生间不做浴缸要做淋浴间，则淋浴间需要单独再做泄水坡。

这点要叮嘱师傅，因为就是有瓦工师傅会把淋浴间的泄水坡跟整间卫生间一起做。

### 贴工不好、瓷砖不平造成积水

已做泄水坡后仍会积水的原因有二，一是贴工不好。泄水坡的坡度现在绝大部分是靠定位仪量出来的，会在墙面标出高度，照着这条标线贴砖。

问题来了，一块砖有四个角，理论上是会向着地漏的方向倾斜，但有时师傅贴砖时可能在与别的师傅聊天，可能在唱《心事谁人知》，可能在想家里小孩的学费或只是纯粹心不在焉，于是，贴的方向弄错了，该低之处变平了或变高了。但贴错也很难看得出来，因为只有一片弄错或几片弄错，加上1m才降1cm的斜度，幅度也很小，师傅在贴时也不易发现，于是就造成试水时会积水啦！

第二个原因，是砖本身的问题。

好，若砖的本身就是不平的，师傅工法再好也没用。像有的砖会四角翘中间低，有的砖是某个角翘，这些都会造成积水。因此瓷砖送到家时，最好一片片检查是否平整。瓦工师傅们建议，越大片的砖越容易不平，也较不好做斜度，所以最好是贴30cm见方以下的砖，其中10cm见方以下的马赛克砖最不易积水，因为缝隙多，干得也快。不过，不是每个人都喜欢马赛克砖，还要加入个人的审美考虑。

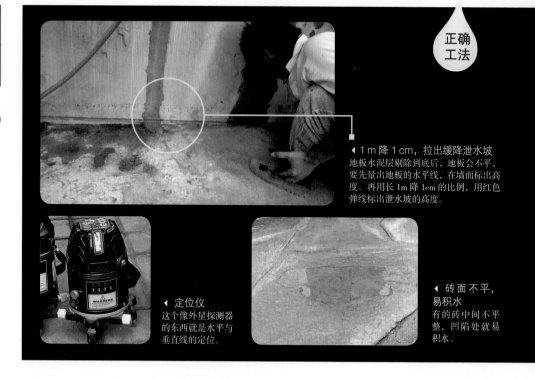

正确
工法

◀ 1m 降 1cm，拉出缓降泄水坡
地板水泥层剔除到底后，地板会不平，要先量出地板的水平线，在墙面标出高度。再用长 1m 降 1cm 的比例，用红色弹线标出泄水坡的高度。

◀ 定位仪
这个像外星探测器的东西就是水平与垂直线的定位。

◀ 砖面不平，
易积水
有的砖中间不平整，凹陷处就易积水。

## Tips
血泪领悟 123

安全 ✚ 第一

① ▶ 选卫生间地砖时，要注意四角与表面是否平整。砖也不要太大片，越大片越不好做斜度。

② ▶ 淋浴间要单独做泄水坡。

## 慎选防滑不藏污的卫生间砖

谈到卫生间的选砖，不少师傅也提醒大家，在选地砖时不要选凹凸刻纹太深的。之前有阵子很流行板岩砖，这种砖的表面有纹路，部分（不是全部）砖的表面有明显的凹凸纹路，用久了之后，很容易藏污纳垢，不好清理。

另外，表面有涂亮面釉或非常光滑的砖，也不适合当卫生间的地砖，容易滑倒。

卫生间地砖多是用湿铺法，贴瓷砖就是考验师傅耐心的时刻了。大部分师傅都能考虑到墙砖与地砖的对线（就是缝隙能连接起来），但网友小欧提醒，若是选择贴一两块装饰性瓷砖，就要注意这些瓷砖与一般墙砖可能厚薄不一，这种情况可能导致有的师傅会贴出不太平整的墙面。

▲ 凹凸地砖虽防滑，但易藏污
几种很容易藏污的瓷砖，表面纹路凹凸起伏较大，
会不好清理。

▲ 砖缝要对线，砖面要平整
地砖与墙砖的砖缝对线，也考验师傅是
否用心。此外，装饰花砖与一般砖的厚
度不一样，要注意贴工的平整度。

 ▸ 泄水坡的斜度为长 1 米高度降 1cm。

 ▸ 水泥找坡层做完，就可以测试排水
的情形。

 must know
你应该知道

浇水测试泄水坡斜度

已有积水的该如何解决呢？没有办法，
积水的部分只能敲掉重砌，但事前可以
先检查砖是否有问题。砖送到家里时，
发现翘曲较严重的可退货换砖；另外是
工艺问题，那当然最好一开始就请师傅
再细心点喽！

特别要提醒的是，在用水泥砂浆打底做好
泄水坡后，在尚未贴砖前，就要来测试斜
度，因为瓷砖也是顺着坡度铺的。可用乒
乓球或浇水，来看泄水的情况。乒乓球很
好用，客厅的地板瓦工工程做好后，也可
以用乒乓球测试地板有没有平。

# 卫生间地漏，定位错误问题多

我很后悔

苦主 _ 网友 Joice

## 最不便！
## 地漏设在"狭路"中，很不好清理

| 事件 |

如果一切可以重来的话，卫生间的地漏我一定要重新"定位"。唉，当时没注意到地漏的问题，住进来半年后就发现了不便之处。我家卫生间很小，3平米而已，要放浴缸、马桶与洗手台，所以马桶与浴缸很近，而地漏又设计在马桶与浴缸之间。每回要清理地漏，我都得伸长手，挤进那个小空间中清理，很不方便，而且每两三天我就得清理一次，非常的不方便。

因为地漏处常积水与脏东西，得常清理，但设计在这么窄的空间里，每次清理都很不方便。

正确工法

▶ 地漏设在瓷砖四角处不易积水
地漏最好设计在瓷砖的边角，较不易积水。图中马桶左侧空间较大，地漏设在左侧就比在右侧好。

> 传统做法中地漏最常被定位的点是卫生间的角落，但其实地漏的位置
> 比我们想象的自由很多。当然，不要距卫生间门太近，我们要让卫生
> 间的最低点远离卧室的木地板，也不能在容易被踩到的地方，因为赤
> 足踩在地漏上的感觉并不好。

若能遇到一位细心的设计师或施工师傅，真应心存感激。

越需要知识的领域，我们越是看不到前方的路。在求学时代
如此，装修也是如此。装修难，难在家家有本难念的经，因为空间与人
都不同，需要有不同的应对方式，但大部分的施工队或设计师，甚至房
主，都习惯套用杂志登过的、老师教过的、别人用过的方式。在不明白
别人为什么这么做的时候，硬生生套在自己身上，就出现许多不甚贴心
或找自己麻烦的设计，地漏这篇要说的，大致就是这个概念。

装修中有许多小细节常被忽略，但让我们生活便利的，就是这些小设
计。有多少人会跟设计师讨论地漏的位置？很少吧。姥姥本身也是普通
的主妇，不良设计真的会让我们腰酸背痛，我自己每天也跟这个地漏奋
战不懈，刚清理完，一天后就又脏了，像Joice这样要伸长手钻进小空间
的辛苦，我能体会。所以，也跟多位师傅们请教了地漏的设计。

### 地漏要离门远，周边要宽阔

地漏因泄水坡的设计需要设计在卫生间的角落处。但这是传统做法，小
卫生间中挤进马桶浴缸与洗手台后，应该要有更多元的想法，但可惜的
是，有的师傅仍选择最传统安全的方法：塞在最里头的角落，即使是宽
度不足10cm的地方。

其实，地漏的位置比我们想象的自由很多。当然，不要距卫生间门太
近，我们要让卫生间的最低点远离卧室的木地板，但也不能在容易被踩
到的地方，因为赤足踩在地漏上的感觉并不好。像网友Joice的卫生间，
我们可以找个"四周无阻的宽阔地点"即可，Joice家马桶右侧是洗手
台，空间较大，就可以把地漏设在洗手台附近，而非马桶与浴缸之间的
小空间内。在其他的案例中，浴柜下方也是常见的地漏放置处。

▲ 勿紧靠淋浴门收边处
最好不要设在收边处，因为地漏的位置是全卫生间最
低的地方，此处水较不易干，久了收边处的玻璃胶易
发霉。

◀ 洗手台下方也是不错的选择
若马桶两侧空间都很小，也可以放在洗手台下方。

Tips
血泪领悟 123
安全+第一

① ▸ 地漏最好不要设计在瓷砖中间，最好放在在四角，这样较不易积水。

② ▸ 位置要在好打理的地方，而不是藏在马桶后方或手要伸很长才能到达的角落。

但有的房主或设计师会觉得地漏很丑，希望用马桶遮住。姥姥的看法是，好看不好用的设计，都是在折磨主妇，千万别理他们的说法，你想想，若早个10分钟做完家务，还可以喝杯咖啡，悠闲一下，难不成你希望这10分钟都卡在马桶与浴缸之间吗？

地漏另一个常见的问题是积水，虽然水是从这里下去的，但四周就是易积水发霉。

针对这个问题，师傅们说，可能是瓷砖本身不平的关系。回头看Joice家，你会发现地漏是设在瓷砖的中间，若此砖是中间高一点，自然就会积水。

所以，较不易积水的方法，是设计在瓷砖的四角，这样瓦工师傅也比较好控制角度，让地漏落在最低处。

正确
工法

◀ 长型地漏好泄水

若预算够的话，也可设计长型的地漏，一是面积大好泄水，二是泄水坡的坡度比较容易做得精准（当然仍要看师傅手艺而定）。但长型地漏比较贵，也不好清理。

▲ 泄水区结合地漏

这是饭店的改良式做法，也可参考。在地漏处，做一条较低的长条区块，淋浴间的泄水坡斜度会较好做。然后，在长条区块内用两块长砖斜向地漏，如此就有长型地漏的优点，预算也不必增加。

---

🔊》must know
你应该知道

# 长型地漏好看不好清

安全+第一

依尺寸，地漏可分方型与长型。许多酒店都会采长型地漏，不锈钢材质，主要是"看起来好看、有质感"，又因为长型面积较大，泄水坡也比较好做得更精准。

但是长型地漏有个大问题，就是更易积脏东西，尤其是头发，会卡在漏孔中造成积

水。因此两三天就得清一次，每次清就得把长型地漏打开，与方型地漏一比，在清洁上要更费心。

地漏也有防蟑螂防臭的设计，有个阀门可以关起来，很好用，可要求用这种设计的地漏。

# 有浴缸的幸福，兼论浴缸防水

你要
多想想

姥姥（哈，终于有次换我当主角了）

## 最犹豫！
## 用浴缸好，
## 还是淋浴就好？

| 事件 |
偶尔有朋友会问我用浴缸好，还是设计淋浴间好，通常发问的朋友都是买了小面积的家，且只有一间卫生间。这时，我都会建议做浴缸，因为能泡个澡，真的是件很幸福的事。

▲ 只要能好好泡个澡，就是生活的小幸福。图片提供＿集集设计

▲ 防水层＋泄水坡，防水力加倍
浴缸的防水措施，除了防水层以外，最好整个底再做泄水坡，防水力更好。

▶ 砌水泥浴缸选有导角的瓷砖
水泥浴缸做有导角的瓷砖，边缘才不会太锐利而刮伤人。
图片提供＿集集设计

正确
工法

设计浴缸也有不少小细节，如浴缸四周至少要留小平台，方便放些瓶瓶罐罐；浴缸与台面或墙面衔接处，要用玻璃胶封边，以防漏水。若是选瓷砖为表材，要注意选有"导角"的砖，边缘处是圆的，才不会伤到您幼嫩的肌肤。

泡澡真的是件很享受的事，淋浴无法完全放松身心，但是只要泡个澡，身体泡得暖烘烘的，许多不好的事就会跟着遗忘。

## 水泥浴缸，慎选表面建材

许多人是因空间小才选淋浴间，其实空间不是问题，也有商家推出小浴缸，能坐着泡澡。若很在意卫生问题，可选表面不易沾污的材质，如亚克力或搪瓷。

若不想买现成的浴缸，而想用水泥砌，目前较常见的表材为瓷砖或磨石子。瓷砖要选"导角砖"，它的边缘处是圆的，不容易伤到您幼嫩的肌肤；另外，要问清楚浴缸贴砖的时间，他一贴好，就要检查贴得是否平整，有没有某个砖翘起。因为刚贴好还未干时就发现问题的话，都还很好改；若是等交付时才看到，就得拆掉重做，会较麻烦。

磨石子是将小石子或彩石混入水泥。当浴缸表材时，要注意石子与石子之间的凹缝不能太深，否则藏在里头的污垢会很难清理。

浴缸底部的泄水坡也要记得做，以免浴缸的冷凝水造成渗水。找坡层做好后，再上防水浆料提高防水能力，设计浴缸还有一些小细节，如浴缸四周最好要有面墙可以留一个平台，方便放洗澡、洗发、泡澡用的瓶瓶罐罐；浴缸与台面或墙面衔接处要用玻璃胶封边，以防漏水。

 **Tips** 血泪领悟123

① ▶ 浴缸表材要选不易沾污的材质，瓷砖要选有导角的。

 ② ▶ 浴缸底下瓦工要做泄水坡，并用防水浆料做防水。

# 07

# 卫浴，你该注意的事

卫浴是个较独立的工程，虽然是小小的几平米空间，工种却很多，包括拆除、水电、瓦工、设备等，若你家没有大装修，只要更新卫浴，也可以直接找卫浴设备公司，他们通常也有配备的施工队，可以省去找施工队的时间。

既然工种多，相对工法也复杂，除了前几篇中提到容易出问题的地方，还有 6 大工法要注意。

## 重点 1 吊顶的2种选择

吊顶的传统材质都用 PVC，但有的人觉得不好看，现在用铝扣板的也很多。PVC的好处是费用较低，也好打理，但质感较差。

铝扣板表面有金属光泽，质感较好，看起来也美观。价格1平米约100元，表面有各种花色可选，也好清理，不易发霉。

铝扣板很轻很薄，固定结构为轻钢龙骨，卫生间湿气重，最好选有加防锈处理的龙骨。钉龙骨时，主吊杆水平要捉好，吊顶表面才平整；另外灯具或浴霸的地方，龙骨四周要加吊杆或安置配件，增强支撑力。

不管用哪个，记得要设计维修孔，日后找漏或要加什么最新科技的电器，就比较方便。

▲ PVC 塑料天花板耐潮，用个十年二十年都没问题，但观感与质感较差。

▲ 铝扣板尺寸为 30×30cm，板背可看到产品认证与制造日期。

▲ 铝扣板质感较佳，表面光滑，有多种花色可选，也是主流吊顶板材。铝扣板图片提供_嘉麟

▲ 轻钢龙骨结构，主龙骨调平要准，不然吊顶会不平。

▲ 灯具也有配套品，记得龙骨四周要多加丝杆支撑。

**重点 2** 重拉管线的5大要素

若是重做卫生间或马桶移位，管线要同步移位。重拉管线时，有几件事要注意。

①旧排粪管多埋在大楼地板中，所以重拉排粪管时，多采用垫高地板的方式，以免打穿大楼地板或切到钢筋。

②新马桶端到管道间斜度要够，管径75mm以上者为1/100（就是100cm长要降1cm高度）；75mm以下者为1/50。

③新移位的管线越近管线出口越好，若管线拉太远，则地板要垫得更高，这时原大楼地板的承重力是否足够，要再仔细估算。绝对不是水电师傅说管线能拉多远，就拉多远哦。

④排粪管最好能走直线就走直线，不要转弯，只要多个弯，阻塞的概率就会高许多。

⑤若增设的两个马桶距离太近，而且又接到同一排污管，A马桶冲水时B马桶的水常会跟着动。达人建议，可在马桶粪管后接个排气管，延伸到管线间，就可以解决连动的问题。

▲ 管线移位时，新管线要离管线出口越近越好，且转折处也是越少越好。
图片提供_网友 ben

▲ 在马桶排粪管后方多加个排气管，就可以防止与邻近马桶"互动"的困扰。

**重点 3** 隔墙承重力要够

若是重做卫生间，隔墙也要重砌。因卫浴设备不少都是挂墙式的，砖墙承重力较佳，隔音也较好，但易发生壁癌，重量也较大，对建筑安全保护较差。若选轻钢架墙体，则板材要选抗水石膏板或水泥板为佳，设备的位置也要装置安装配件。

▲ 重做卫生间的隔墙，要注意承重力。

**重点 4** 别忘记用玻璃胶收边

所有柜体、洗手台、浴缸、门套、马桶等，与地面、墙面接触的地方，都要打玻璃胶收边，以免水从缝隙渗入。绝大多数师傅都能好好用玻璃胶封好卫生间。

但有极少数师傅还是会做得马马虎虎，不是不涂玻璃胶，只是某些地方会"忘了涂"。这种比完全不涂还可怕，因为你完全无法猜到是哪里没涂，直到有天门板发霉了，才发现原来门套旁的玻璃胶没有打。

不过，只要记得卫生间有缝的地方都要打上玻璃胶，在验收时好好检查即可。

材质上，**要选卫生间专用,防霉能力强的玻璃胶**。许多网友反映，家里卫生间的玻璃胶变得黑黑的，这一块那一块的，怎么洗都洗不掉，用牙刷刷也刷不掉，那就是发霉了。

有位专家曾教过，可先拿厨房用纸沾满漂白水，覆盖在上方2到8个小时之后再取下来，然后再用菜瓜布擦。不过，姥姥用过此法，无效，可能是霉已生根了，这样的话就只能把玻璃胶整个换掉。

▲ 玻璃胶要用防潮防霉的产品，可以撑久一点。一旦严重发霉，是洗不掉的，只好全部重换。

▲ 门套四周、台面，只要与墙面、地面相接触的地方，都要用玻璃胶收边。图片提供＿尤哒唯建筑师事务所

**重点 5 卫生间门选择防潮湿的材质**

卫生间门现在多采用塑钢门，塑钢门的防水能力较佳。但有时为了美观的考量，设计师会做木门。木门最好是用在干湿分离的卫生间，不然用久了木门易发霉，最好再在门下方留个百叶设计，以便湿气散出。

▲▶ 木门下方最好加个百叶设计，且最好安在能够干湿分离的卫生间。

**重点 6 卫浴设备高度要测试**

洗手台、淋浴花洒喷头等离地面多高，要考虑房主身高与生活习惯，使用才顺手。最好在师傅定好位置后，先在墙上做一个记号，你自己再实地测试一下，就知道好不好用了。

 **must know** 你应该知道 **清洁后再上玻璃胶**

打玻璃胶要在干净的环境下施工，最好是清洁完后再抹玻璃胶，因为工程中尘土多，玻璃胶易把杂物都包在里头，日后容易脆化。但目前施工队大多没有时间等你清洁完毕，比如马桶装好后，直接就打上玻璃胶了。所以，我们至少可以提醒师傅："擦干净一点再打好吗？"

▶ 洗手台与墙面相接处也要用玻璃胶收边。收边时要注意擦干净再上玻璃胶。

▲ 淋浴喷头的高度，要在施工前就测试顺不顺手。

还记得在水电篇出现过的鸡肉卷大大吗？在卫浴工程中，他家一样颇为惨烈；另一位网友July 也遇到了令她恨之入骨的洗手台。他们的经验，就收录在此喽！

### 一开龙头，水管三角阀就漏水

水管看起来是装好了，但师傅却没做紧连接水管的三角阀，所以，只要一开水龙头，水管的三角阀处就会漏水。

▲▶ 水槽下水管装好后，三角阀处（黄圈处）还在滴滴答答。

### 瓷砖出水口切孔过大、过歪

不只漏水，在水管连接墙面的地方，不少瓷砖出水口处都切孔过大，或切歪了，连遮盖都盖不起来。但即使面对那么多打击人心的事，鸡肉卷还是很乐观："我就再去买更大的遮盖，能遮起来就算了。我最后只有一个结论，凡事靠自己啦！"

▶ 原本的圆孔遮盖（就是右下的那个遮盖）无法遮住瓷砖切口，鸡肉卷又去买了方的来遮。他说，能花钱解决的，都已不算是问题了。

**状况 3** 马桶孔距没算对，排粪管露一半

鸡肉卷真是装修史上最倒霉的人了，一般可能是木工不好，或瓦工不好，很少有人会遇到从水电到木工都很雷人的。例如，他的水电师傅不会量马桶孔距，叫他去买30cm的马桶，结果从排粪管中心点到墙面，只有25cm。试装时才发现，排粪管有一半露在马桶地漏外边。

马桶的孔距是指从排粪管的中心孔到墙壁的距离。常见的有几种规格，包括20cm、25cm、30cm、40cm等，买马桶前一定要看清楚孔距，不然买了也没用，是装不上去的。这个马桶孔距量法很简单，但还是有极少数人不会量，可悲的是，有的人就想当水电师傅，于是，就在鸡肉卷家发生如此不可思议之事。

▲ 马桶的孔距，是从排粪管的中心孔到墙壁的距离。马桶侧边一般都会标出中心孔。

▲ 鸡肉卷家的马桶，后来他自己加了一段管子，改变排粪管的出口位置，总算把新马桶装了上去。

**状况 4** 洗手盆太浅会溅水

网友July则提醒大家，挑选洗手台时，要注意盆底的深度要够。她家挑了个盆底较浅的水槽，结果每次洗脸，水溅得到处都是，地上也是湿湿的。所以选洗手盆时，最好能在店家那里测试一下水龙头出水后会不会乱溅。

▸ 太浅的洗手盆，水容易喷溅出来。

# 厨房设备台面多高?
# 要看你的身高

我很
后悔

苦主 _Juice、小佩与众多主妇

## 最酸痛!
## 消毒碗柜装太高,
## 天天手酸脖子疼

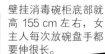

壁挂消毒碗柜底部就
高 155 cm 左右,女
主人每次放碗盘手都
要伸很长。

| 事件 |

我们大家最后悔的事情,就是厨房的消毒碗柜装得太高,当初厨房设计时,不管是设计师或厨具公司,都说与橱柜同高最好看,但好看根本不好用。每天洗碗后,要垫高脚跟才能把碗放进去,手酸脖子也酸,然后水就从手腕流到手臂,常弄湿衣服,也很不好受。所以希望做厨房设计时,一定要坚定心志,不要管设计公司说什么,也不要管老公说什么(他们身材高大,完全无法体会娇小的人过的是什么生活),消毒碗柜一定要装低一点,在手可以轻松拿取碗盘的高度,切记切记。

▶ 嵌入式消毒碗
柜方便取用
若觉得壁挂式的消毒
柜还是很不好用,也
可考虑装嵌入式的。
图片提供__集集设计

▲ 消毒碗柜不必与橱柜同齐
消毒碗柜可装低一点,不必一定要与橱柜同齐,这样
比较方便放碗盘。

正确
工法

壁挂式消毒碗柜安装的高度（机身底部）最好比自己的身高低 15 cm 左右，如身高 155 cm，那机身底部就可安在 140cm 的高度。但这只是一个原则，高度视每个人的手长不同而定。

厨房，一直是姥姥认为实用大于美观的地方。客厅餐厅或卫生间要设计得美美的，我都没意见。但厨房的活，在这里就应该一切实用至上，美不美丽先丢一边，能美观很好，不美也无所谓。但什么是美，许多也是个人的主观看法，像壁挂式消毒碗柜，为什么一定要与橱柜齐，难道降低一点就会很丑吗？不会吧。既然不会，那为什么要为了那10cm的美观而牺牲便利性呢？

我甚至觉得厨房本来就该是有点凌乱的地方，锅盖、锅铲、汤勺、菜刀、调味料可以一一挂出，只要炒菜时能在1秒内拿得到就ok，别听媒体或设计师说什么“橱柜台可以收得干干净净”，好像那样才很行一样，其实根本不是那回事，那是不下厨的人才会做出的小白设计。

真正天天煮饭的，若要打开柜子拿个锅铲，洗完了再开柜子放进去，或者拿个盐，要开柜门再关回去，那菜早都焦了。

讲回消毒碗柜，安装的高度（机身的底部）最好比自己的身高低15cm左右，如身高155cm，那机身底部就可安在140cm的高度。但这只是一个原则，高度视每个人的手长不同而定。你自己试试看，就可以知道最适合自己的高度了。

若觉得壁挂式消毒柜放在上方仍不方便，也可选用嵌入式的消毒柜，但价格较贵。所以，在价格与便利性之间，就看你自己如何选择了。

Tips
血泪领悟123

① 壁挂式消毒碗柜最好装低一点，可比自己的身高低 15cm 左右，不必与橱柜同齐，这样就不会为放碗搞得天天手酸脖子疼了。

# 厨房，你该注意的事

在当当网络书店的搜索中，打入"厨房"，会出现 38758 条结果，是"客厅"——7623 条——的 5 倍多，从新手学做菜，到吉本芭娜娜的经典之作，加上某位人类学家的心路历程，厨房的七情六欲比起客厅实在丰富许多。

"在这个世界，我最喜欢的地方，就是厨房。"日本作家吉本芭娜娜在小说中这么写到。我虽然没有同样的看法，但因为天天要用到厨房，非常了解厨房设计的不便利会带给下厨者多大的灾难。所以，每次到别人家我都特别留意厨房的设计，一起来看看吧！

重点
1

## 灯光要明亮

厨房的灯要明亮，这样眼睛就能不费力地看清楚要切的是蒜苗还是葱；灯泡也最好是白灯，不要装黄灯，不然，蔬果肉类的颜色易失真。记得厨房是打仗的地方，不是搞气氛的地方。现在吊顶主灯有几种做法，包括嵌灯、日光灯或流明吊顶。流明吊顶是利用亚克力板或白膜玻璃嵌入顶棚中，好处是可让光源更均匀地洒下，但缺点是造价比较贵但厨房要亮，不是靠吊顶灯，而是要加强重点照明，例如在切菜的台面上方以及燃气灶上方，皆可再加装一盏灯。

▶ 在厨房要装白灯，不要装黄灯，以免菜色失真。

**重点 2** 电器柜要先量好尺寸

电器柜大概是现代厨房必备之物了，可以放电饭锅、微波炉及烤箱等，要记得厨房电器的尺寸先量好，以免柜子设计得太小，放不进去。另外，电饭锅的下方通常会设计滑板，要用的时候可拉出来，不用时推进去，门板一关，外观看起来非常整齐。

▲ 设计电器柜可放烤箱、微波炉以及电饭锅，好收纳，外观也较整齐。

**重点 3** 炒菜的工具全要靠近炉灶

很多杂志都会称赞收纳得干干净净的厨房，但我个人比较喜欢像这样有点乱的厨房。把所有炒菜时会用到的东西都挂在燃气灶与橱柜台的旁边，炒菜时才方便，而不会手忙脚乱。你说看起来会乱，那就乱吧！这种乱也不错。

▲ 锅铲、汤勺、滤网、调味料等，全放在燃气灶附近，使用才方便。

**重点 4** 加升降式五金篮更便利

一般上面的柜子的东西多不好拿，可以多加个升降式五金篮，较方便取物。不过，这种五金篮费用较高。

 升降式五金篮，让你能方便取物。

## 重点 5 零碎空间可塞入抽拉柜

燃气灶或冰箱旁常有宽度不到20cm的零碎空间，可以设计这种窄长形的拉柜，增加收纳空间。

▸抽拉柜内可放入高度较高的调味料瓶、零食或小点心。

## 重点 6 三合一阳台门通风又采光

早年小阳台的门通常会做2扇，一是玻璃门，一是纱门。现在小阳台的门也流行三合一，包含玻璃门、纱窗与防盗饰条，有的还会再加百叶窗，想曝光多少隐私都可任君选择。但安装前要先决定好，门要向外还是向内开，一般是向外开，但如果门外头要放洗衣机，门向外开会打到，那就得设计成向内开。

▲ 三合一的后阳台门，兼具通风与采光功能。

## 重点 7 拉篮代替抽屉更省钱

因为厨房较潮湿，装这种拉篮更透气，我觉得比抽屉好，比较不易藏蟑螂，费用也比做抽屉便宜，但要注意材质要选不锈钢的。

▲ 拉篮很适合用在厨房，但要选不锈钢材质。

**重点8** 加个收纳刀叉的抽屉

橱柜的抽屉多是固定高度，但可以要求设计一个浅层的抽屉，里头再分隔层，专门放刀叉汤匙，很好用喔。

▲ 喜欢下厨的人，这种刀叉收纳抽屉一定要做一个。

**重点9** 拉门可防油烟散逸

担心厨房的油烟跑出去？或担心客厅空调的冷空气散逸到厨房？网友Crystal就帮厨房设计了一个拉门（移门），炒菜时把门拉起来，厨房就成独立的空间，不用担心油烟或空调的问题；平日把拉门打开，则可让室内空气流通，维持良好通风。

▲ 炒菜时关起拉门，就可防油烟散逸出去。

**重点10** 要留维修孔

厨房吊顶内的管线多，除了灯具电线以外，有的还会设防火侦测烟雾设备、消防管线等，所以记得在吊顶留个维修孔，日后要修什么就不会太麻烦。

▲ 吊顶记得要留个维修孔。

# 会出问题的厨房设计，别让它落在你家

有良好的设计，就有不良的设计。姥姥不少朋友与网友家中也有"后悔厨房"，有的看了真的不知道厨具公司在想什么，应该是不常下厨或根本不做菜的人吧，才会有这些小白设计。

## 状况 1 台面还没使用就受伤

表面没有毛细孔的人造石，因为不易积污，便于清洁又耐磨，已成橱柜台面的主流建材之一。虽然它不易有刮痕，但不代表它耐撞。网友鸡肉卷家就在验收厨房时，发现人造石台面还没使用就有块"伤疤"，看来是运送过程中被撞到了，当然要请厨具公司再来处理。这也提醒大家，任何厨具设备或台面送到家时，还是要好好检查的。

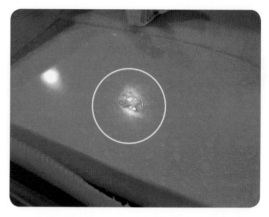

▲ 人造石台面送来时，就发现表面有伤痕，应是运送途中被撞到了。

## 状况 2 炒菜老是踩到地漏

之前卫浴篇曾讨论过地漏的设计，厨房也有同样的问题。这户人家的厨房地漏就在燃气灶前，炒菜时就会常踩到地漏，触感不好。地漏不能设计在常走动的地方，应设计在更角落的地方，以不易踩到为佳。

▲ 地漏设在燃气灶前，炒菜时就会踩到，触感不好。

状况 3 燃气灶太靠近墙壁，无法炒菜

这是网友小喜儿寄来的后悔设计。燃气灶太靠近右侧墙壁，右边的炉灶不太能炒菜，因为炒菜时常会碰到墙，用右手炒菜也很不顺，所以右侧炉灶只能拿来炖汤或烧开水。

小喜儿说，燃气灶与墙之间的小小空间也常会积垢，但是不好清理，所以，在跟厨具公司定燃气灶的位置时，一定要注意两侧与前方都不能与墙壁距离太近。

▲ 燃气灶右侧太靠近墙，用炒菜锅时会容易撞到墙。

状况 4 冰箱被放入窄巷中，不好开

厨房的动线设计好不好，就看燃气灶、水槽与冰箱这三者之间顺不顺。顺的话，拿菜、切菜、炒菜就可以在一个漂亮转身之间完成。基本上冰箱放在角落，多半没有问题，但有时就是会有例外。

朋友Lillian家就是如此，她家的冰箱被设计放在"窄巷"当中，造成她每次拿菜都很不方便，更惨烈的是，走道出口还被固定式橱柜挡住了，也无法再更动冰箱的位置，唉！

▲ 冰箱被放在这么狭窄之处，拿菜很不方便。

# 木工工程

凡跟板材有关的，都列入木工工程。主要是吊顶与柜子，但也包括木制室内门、隐藏门、隔墙、电视墙、窗下卧榻、和室架高地板、窗帘盒等。比较特别的是木地板，虽然有木工队在做，但现在大部分多层复合地板或强化木地板厂商，为防范铺设方法不当而造成维修问题，多是派自己的施工队。若是后者，则木地板的进场时间会排在木工工程之后。

板式家具[1]也多在这个部分，有的柜子设计会采用板式家具的柜身，但搭配木制门板。柜子有许多造型，门板可分移门式（推拉式）或平拉式，材质又有木制或玻璃等不同；抽屉与内部五金功能更多，像长裤、围巾、领带、内衣等都有专门的收纳设计。别偷懒，多搜集信息，找到最适合自己的五金，日后就可省下许多找东西的时间。

---

**❶**：板式家具有固定尺寸，所有配件、板材、组件都是在工厂生产，再到家里组装。

## point1.　木工，不可不知的事

[ 提醒 1] 多层板承重力较佳

[ 提醒 2] 木门前后要贴 4mm 以上的多层板

[ 提醒 3] 门套要做好垂直线

[ 提醒 4] 窗台木制卧榻易被漏水波及

## point2.　容易发生的 8 大木工纠纷

1. 最黑心！吊顶刮腻子假装石膏板
2. 最偷工！龙骨吊杆不足就完工
3. 最减料！柜子木料变薄，抽屉深度变浅
4. 最无力！板式柜搁板一年就下陷
5. 最短命！合叶五金用一年多就锈了
6. 最走光！隐形门关不起来，暗门超难用
7. 最受伤！木地板胶水乱喷
8. 最虚伪！染色多层复合木地板，杂木假装紫檀木

## point3.　木工工程估价单范例

| 工程名称 | 单位 | 单价 | 数量 | 金额 | 备注 |
|---|---|---|---|---|---|
| 天花板吊顶 | 平方米 | | | | 平铺，石膏板 /×× 牌防火板材 /6mm 厚 / 防腐集成角材<br>客厅，餐厅，厨房，玄关 |
| 灯盒及窗帘盒 | 米 | | | | |
| 木制隔墙 | 平方米 | | | | 石膏板 /8mm 厚 /×× 品牌<br>卧室墙 / 单面；书房 / 双面 / 内置吸音棉 |
| 客厅电视主墙面 | 米 | | | | 贴白橡木钢刷木皮<br>门型造型线板 |
| 全室房间门板组 | 扇 | | | | 前后贴 4mm 足多层板<br>含拉门、折叠门 |
| 门板五金 | | | | | 品牌名 |
| 主卧衣柜 | 米 | | | | 木柜全采用 18mm 细木工板，<br>背板 4mm<br>2.4 米高，1.8 米宽，0.6 米深 / 表面白橡木贴皮 /4 个层板 /<br>4 个抽屉 /3 个拉篮 /2 个吊衣杆 |
| 玄关鞋柜、餐柜、书柜等<br>凡柜子都采同样的写法 | | | | | |
| 和室架高木地板 | 平方米 | | | | 40 cm 高，含 9 个收纳抽屉 |
| 窗下卧榻 | 米 | | | | 高 40 cm，深 80 cm，背板后方加防潮布<br>台面为实木松木材质 |
| 卫生间外造型墙 | 米 | | | | 表层贴实木皮 |
| 卫生间隐藏门 | 扇 | | | | 采用自动回归门合页 / 日本制 / 品牌及型号 |
| 木地板 | 平方米 | | | | 卧室 /16mm 厚多层复合木地板<br>柚木 / 国产 /×× 品牌或公司名 |
| 木踢脚线 | 米 | | | | 实木制 |
| 系统柜、衣柜柜身 | 米 | | | | 长宽高尺寸 |
| 上项内含抽屉拉篮 | 组 | | | | 抽屉 4 个 / 拉篮 3 个 |
| 上项五金配备 | 个 | | | | 含穿衣镜、吊领带夹、吊衣杆 3 支等 |
| 上项铝制拉门 | 扇 | | | | 含拉门轨道一组 /×× 品牌 |

# 认识石膏板，吊顶装修不被黑

我很后悔

苦主 _ 北京好同学

## 最黑心！
## 吊顶刮腻子假装石膏板

| 事件 |

姥姥因要出各位手上正在看的这本书，跟大陆网友征求装修状况实例。住北京的好同学先来函发问："为何我家的石膏板吊顶会一片一片掉下来，我每天都要扫碎片，好累。"当她把照片寄来后，连我都看傻眼，为防"石膏板"再掉下来，还用胶带贴住。但这应该不是石膏板，掉下来的白色碎片连3mm厚都不到，应是师傅直接在混凝土基层楼板上刮腻子上漆而已。

吊顶表材大面碎裂，可看出是直接粘在混凝土楼板上，应不是石膏板，达人认为只有刮大白腻子而已。

图片提供_北京好同学

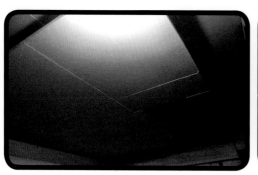

▲ 石膏板价格便宜、隔音隔热皆佳，是最常见的吊顶板材。图片提供__台湾环球石膏板

▲ 石膏板的种类很多，除了一般石膏板，还有强化型、防潮型。

> 便宜的价格与良好的隔热隔声功能，是让石膏板变成吊顶一哥的主要原因。不过一般的石膏板会有受潮变形的问题，用在浴室，可选防潮石膏板，或用铝扣板。若想隔音再好一点的人，选矿棉板吧！

 天花板吊顶的板材现在最常见的是9.5mm厚的石膏板，这是一种以石膏为主要芯材，前后再加专用纸保护，也叫纸面石膏板。

石膏板最小单位的厚度就是9.5mm，所以网友好同学家的吊顶绝不可能是石膏板，而且也需要加龙骨结构，不能直接粘在混凝土楼板上。

为什么石膏板会成为吊顶一哥？就像长得帅一样，便宜的价格掳获不少房主的心。石膏板计价单位一片是1220×2440mm，厚9.5mm，约25~28元，比同有防火能力的硅钙板36~40元便宜，但不只价格便宜，物理特性也表现良好。

首先，讲到安全相关的防火性。多层胶合木板也可当吊顶板材，石膏板比它强的地方，就是防火力。多层板遇到火灾时，是整个会烧起来，你想想一大片着火的吊顶掉下来，底下的家具地毯不跟着起火？9.5mm石膏板可耐燃20分钟，但姥姥会建议若有点预算，可用15mm，因可耐燃1小时，逃生的时间可以再长一点。

15mm的石膏板还有个强项：隔音效果较好。石膏板若与多层板、硅钙板相比，其隔音较佳。一般大楼混凝土楼地板为10~12cm，但也有8cm。8~10cm隔音都不太好，楼上小孩在跑在跳，楼下的你应该都听得到。这时用15mm石膏板加岩棉吸音棉，隔音就会好许多。

若有一对莫扎特耳朵、对声音特敏感的人，手上也有预算，则可换成15mm的矿棉板，其隔音效果会比上头那几个好。但矿棉板就较贵，600×600mm大小就要20~30元，与石膏板同大小的一块要上百元了，贵很多，以性价比来看，还是选石膏板好了。

选购石膏板千万要选有认证的品牌，黑心石膏板不但厚度不够，也容易

▲ 这是姥姥做的实验，一般石膏板表面纸水分不易渗入（左图），但侧面没有纸保护的地方就易吸湿气（右图）。所以住在潮地方，最好选防潮石膏板。

Tips

血泪领悟123

安全＋第一

▶ 若还有点预算，建议选15mm 的石膏板，隔音隔热效果好许多，还可防火一小时。

▶ 浴室等较潮湿的地方要改用防潮石膏板，或铝扣板。

变形。一般石膏板在潮湿的地方会吸水汽，容易变成"大肚婆"，就是中间下陷突出，所以若是住在常下雨的地区，或住海边的人家，就要改选防潮石膏板，一块价格高一点约58元，或选不怕水的硅钙板。

那像浴室有水汽，可选防潮石膏板，也可选铝扣板，后者更轻更薄，也好施工。只是内里结构最好用有经防锈处理的轻钢龙骨，耐潮也不会发霉。

以上是平顶板材，若要做灯带或造型吊顶，或中间一个大圆的吊顶（我是建议这个要少做，大部分都做在餐厅，圆顶配圆桌，不是不行，但大多做得老气）。在做造型吊顶时，板子就常用多层板，比较好做造型。

但我查了一下大陆住宅层高①，一般住宅层高约280cm，扣掉楼地板10cm，净高才270cm，客厅有的才240cm高，华北的房子净高又普遍矮一点，所以姥姥建议：不要做吊顶。因为要住得舒适，净高很重要，我们

❶：根据国家质量技术监督局和建设部联合发布的《住宅设计规范》的有关规定。

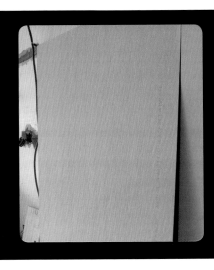

▲ 左为石膏板，右为硅钙板，石膏板密度较低，边角易被撞破，施工队上漆前，要检查一下是否有破角。

◀ 不管什么板子，进场时要保持工地干燥，不能有水，不然板子会吸湿气。

正确
工法

　　"小资"一族买的都是小房子了，不要在装修时又把房子变更小，最多就做间接照明的灯带就好。把吊顶的钱省下来，拿去买会跟我们天天接触的家具，是更好的做法。

) must know
你应该知道

# 石膏板接缝要封好，不然会裂

石膏板的板材之间会有缝，上漆时若没处理好，日后就易开裂。工法上要几个要注意的点：

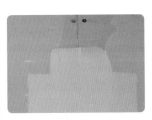

▲ 2. 接缝处用专用胶泥填满后，等干，再涂第二层。等胶干了，再贴上防裂胶带。

▲ 这就是没处理好接缝，日久就会在接缝处发生突起或开裂。

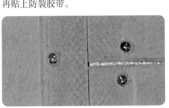

▲ 1. 首先板材的接缝要"交错"，不能在同一直线上。部分图片提供_台湾环球石膏板

▲ 3. 钉眼的地方也要封胶两次。

▲ 4. 等以上的胶泥都干透了，表面打磨平，接着才刮腻子上油漆。

# 02 装吊顶龙骨的 3种偷工方式

你要
当心

达人 _ 木工师傅廖师傅、亚凡设计

## 最偷工！
## 龙骨吊杆不足就完工

| 事件 |

吊顶最常见的偷工，是木龙骨的数量不足，应该30cm1支的，就变成60cm1支。另外内地常见的，是主龙骨调平不佳，板材钉上去后，吊顶不平。

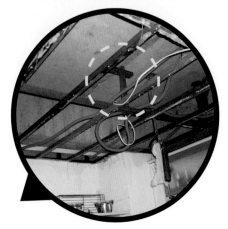

那么大的吊顶，只用1个木龙骨，偷工偷料！

图片提供_亚凡设计

▲ 透视轻钢龙骨

轻钢龙骨的主次龙骨间距可视面板尺寸而定，但面板短边两侧一定要有主龙骨。轻钢吊杆则有两种，一种是丝杆（左图），一种是螺杆（右图），一般1200×2400mm的面板暗架，是用螺杆，600×600mm面板则是用丝杆。

轻钢龙骨的吊顶易在与墙衔接处开裂。石膏板固定时，不能锁在靠墙的边龙骨上，而是在 10cm 内再加 1 支龙骨，将板子锁在这第 2 支龙骨上。另外吊杆数量也要看一下，有没有少于标准。

龙骨用料分两种，轻钢龙骨与木龙骨，考虑到防火功能，前者是越来越多人采用。而且轻钢龙骨与木龙骨相比，轻钢不易变形发霉，施工也快。但是家装吊顶面积小，许多轻钢龙骨师傅不愿接家装案，所以木龙骨仍在家装市场占有一席之地。

姥姥在访施工队时，也有许多师傅提醒曾看过吊顶龙骨的麻烦情形，我整理在这里，希望大家小心。

### 当心1. 次龙骨少做好几支，吊杆也减量

龙骨是用来固定吊顶的板材，如石膏板；轻钢龙骨与木龙骨中的主次龙骨与吊杆都有规定的间距。主龙骨间距多看面板的短边长度，两侧都需有主龙骨。次龙骨依规定间距不能超过60cm，但若是在潮湿的地方，则最好30~40cm就1支，姥姥是建议就直接30cm1支吧。所以最常见1200×2400cm的石膏板，主次龙骨应为2直8横，有些师傅就会少做了几支。

吊杆，是将主次龙骨固定在混凝土楼板的东西。通常吊顶会移位或掉下来，就是吊杆数量不足。吊杆设在主龙骨上，间距（也叫吊点）要小于120cm，若是木龙骨，吊点也可以跟着次龙骨走。

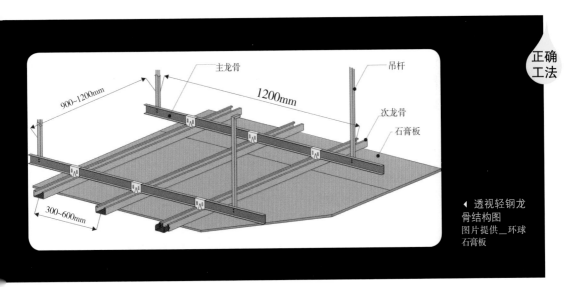

正确
工法

◀ 透视轻钢龙骨结构图
图片提供__环球石膏板

189

正确
工法

▲ 透视木龙骨
吊杆主要功能是将龙骨固定在混凝土楼板上，每根主龙骨都要有一支吊杆。偷工的人，龙骨或吊杆数会变少。

▲ 选购龙骨时，要选有刷防火涂料的，色调会较白。图片提供＿ July

**Tips**
血泪领悟 123

① ▸ 轻钢龙骨与木龙骨的次龙骨最好每 30cm 就要 1 支，轻钢吊杆间距不能超过 120cm，木吊杆则最好在 60cm 以下。

轻钢龙骨质量出包的较少，若是木龙骨，则必须经过防火与防虫处理，都得上防火涂料，涂过的龙骨色调会偏白，但姥姥在很多网站上看亲们贴出来的照片，都是"原汁原味"的原木色，看来都没防火功能。另一个是要买有干燥过的木龙骨，不然日后易变形，也易有虫。

## 当心2. 板材不能锁在靠墙龙骨上，得锁在第二支龙骨上。
轻钢龙骨最常见的问题就是：吊顶易在与墙衔接处开裂。这是因为异材质相接点易因地震而错位，在拉扯之下，表层漆面就易开裂。所以，石膏板固定时，不能锁在靠墙的边龙骨上，而是在10cm内再加1支龙骨，将板子锁在这第2支龙骨上。

石膏板固定好后，要与墙体距离1cm左右的缝，此缝要再灌入弹性发泡剂，等干后，再刮腻子上漆。

安装面板的螺钉间距也有规定，以15~17cm为宜，最好别超过30cm；距离板材的边缘，石膏板纸包边为10~15mm，切割边则宜15~20mm。

## 当心3. 主龙骨调平要准确。
做吊顶龙骨前，要先用定位仪在四周墙上弹线。做好主龙骨时，要再一次用定位仪调平。因为主龙骨若不平，后头装板子时，就会不平了。

▲ 灯具或空调出口要再加四周固定龙骨。
图片提供__环球石膏板

▲ 若只做间接灯光的灯带，木龙骨
约30cm要1支。图片提供__Jeff

② ▸ 轻钢龙骨的面板若锁在靠墙龙骨上，日久易开裂，得锁在第二支龙骨上才行。

③ ▸ 注意主龙骨是否调平，以免吊顶变斜的。木龙骨则得经防火与干燥防虫处理。

 must know
你应该知道

## 挂灯具
## 要加多层板与吊杆

安全+第一

吊顶面板不管是石膏板或硅钙板，承重力都不够，不能挂物，得预埋承重配件才行。记得，也不能安装在主次龙骨上，要再加横撑龙骨或在装灯处加 18mm 的多层板，与前后两根吊杆，才够支撑力。但若是很重的大型水晶灯或铜灯（几公斤算特重呢？请问卖灯的店家），龙骨都撑不住，还是直接固定在混凝土楼板上才安全。

◂ 吊灯不能装在主次龙骨上，要另加龙骨或 18mm 多层板，上方也要再加吊杆。

# 定做木工柜，
# 也有3种偷工的方式

你要
当心

达人 _ 木工廖师傅、杨师傅

## 最减料！
## 柜子木料变薄，
## 抽屉深度变浅

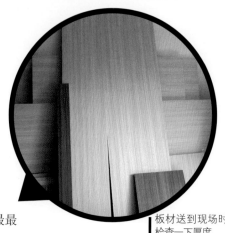

| 事件 |

木工做的柜子一般会偷工的地方，最最常见的就是用到质量极差的细木工板。另外，板材的厚度不足、柜内的抽屉缩水、深度变短等，都是藏在柜子里"不可说的秘密"。

板材送到现场时，可检查一下厚度。
图片提供_ AYDESIGN

正确工法

▲ 小心板材质量不佳
柜身多是用细木工板来做，有的师傅会用质量很差的杂木板。

▲ 免漆板做柜身较易清理
免漆板表层耐磨不易沾尘，也好清理。

▲ 外层贴皮，可省涂装费用
免漆板外表有贴皮，可省内部涂装工程。

> 木柜的做工，除了看师傅的手艺差别好坏，还要防施工时被偷工。木柜偷工大致有 3 种方式：柜身用质量极差的细木工板、板材厚度缩水、抽屉深度缩水。

 木柜的做工要看师傅的手艺，一般柜子的板材多用免漆板做柜身。免漆板底材是细木工板，表层再贴皮（印刷塑胶膜或三聚氰胺板），因此表面平整，较耐脏耐磨，加上有贴皮，可以不用上漆，减少装修的费用。

但免漆板外观质感较差，讲究的人，门板仍多是用细木工板贴上天然实木皮，之后再喷漆，质感较佳。

有人会认为木柜的甲醛量很高，这是错误的观念，现在的板材规定都必须用E1等级（低甲醛），当然，除非是被黑心了。若真的用到高甲醛的板材，柜子做好后，你一进屋里就会闻到一股刺鼻味，接下来眼睛会刺刺的，或眼泪流不停。姥姥劝你就重新拆掉重做，因为高甲醛会释放15至30年，对人体健康有害，对小孩伤害更大，脑部与呼吸道都会受损，所以别舍不得，一定要拆掉重做。

不过，有时就算用到E1的细木工板，但在贴木皮时，师傅多是用高醛胶在贴，这就又含有挥发性化学物质。所以最好施工前就要求要用低醛胶。

做木柜时，有什么要注意的呢？根据师傅们的说法，大致有3种偷工方式。

## 1. 柜身用到烂板子

免漆板底材多是用柳桉木，有的也会用杉木。但部分师傅会买价格很便宜的杂木，以降低成本。但这种杂木木种很软，内聚强度差，螺丝的固着力较不好，承重力也较不好。一位广州设计师跟我说，他还见过中间"空心"的细木工板，所以找施工队时，要先讲好用哪个品牌的板子，比较有保障。

## 2. 板材厚度缩水

一般做柜子，底板厚度是4mm，两侧、上下与层板（也叫搁板、隔板）则是用18mm，门板是18mm底板加3mm木皮板，更讲究的还会再加3mm基材与表材，厚度共24~27mm。但有的师傅会用较薄的板材，例如厚度减

正确
工法

柜外观

轨道
顺滑测试

▲ ▶ 完工后抽屉流畅性与深度要确认
抽屉做好后，可拉出来看看，检查深度是否与柜深
差不多（右上），顺便测试一下三节轨道顺不顺。
此外，也要注意轨道是否接近柜体底部（右下）。

Tips
血泪领悟123

① ▶ 木柜的板材送到时，要确认厚度。通常 9mm 板材厚
度不到9mm，要指定厚度"足"，才有保障。

1mm，这时耐用度就会变差。所以最好在估价单上写明厚度。

再来谈个观念，在理论上，3mm板应该厚3mm，但在木工界，数字都有
可能会自动减1，3mm板通常只有2mm，18mm只有16mm，所以要强调
3mm"足"才会给3mm的板材。差一个字就有差，姥姥第一次听到时也
觉得很扯，但每行有每行的辛酸，较有预算的房主，要提醒木工师傅：
"我家的板材全部要用厚度足的。"

### 3. 抽屉深度缩水

一般若柜身深度为60cm，抽屉的深度会少一点，因为要加板材的宽度，
所以少个5cm以内是合理的，但少到10cm就是偷料了。有的柜子抽屉一
拉出来，会觉得怎么那么快就拉到底了，这时可拿尺子来量量长度，就
知道有没有问题。

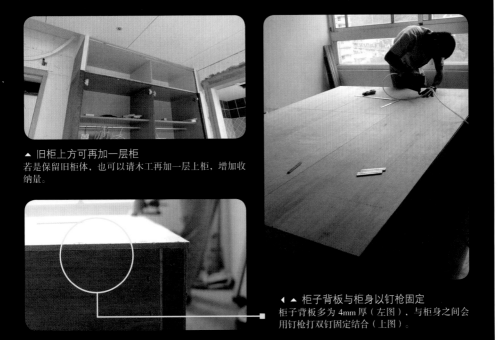

▲ 旧柜上方可再加一层柜
若是保留旧柜体，也可以请木工再加一层上柜，增加收纳量。

◀ ▲ 柜子背板与柜身以钉枪固定
柜子背板多为 4mm 厚（左图），与柜身之间会用钉枪打双钉固定结合（上图）。

 ▸ 板材最好指定木种，柳桉木、杉木皆可，以免被换成质量不佳的杂木。

 ▸ 抽屉的深度要拉开来检查。

 must know
你应该知道

锁螺丝较稳

柜子层板与柜身之间，有的是锁螺丝，有的师傅喜欢用钉枪打钉，但若是要挂物或放重物的层板，如衣柜、书柜，最好用螺丝，会比打钉坚固。螺丝又以黑尖尾木螺丝为佳。

▸ 层板与柜体之间，用螺丝锁合较佳。

木工柜的做工一般较少听到问题，但还是有例外。为什么？因为木工柜仍要靠"人"来装，只要与人有关，任何事就无法保证能完全按照标准执行。再来看一下网友家中这些出问题的柜子，就知道师傅不认真时，是多么让人无力，也提供给大家验收时做参考。

## 状况 1　外观正常，内部破洞多

外观看起来很正常的木工柜，打开柜门，可以看到多处螺丝拧得非常粗糙，板材上还留有许多拧错的洞，有的还把木板弄破了。

◀▲ 木工柜表面看起来很好，但门板一打开，可看到多处破损。

**状况 2** 门板下方忘了烤漆

门板基本上6面都会烤漆，但师傅显然忘了最底下那面，或许以为房主看不到？

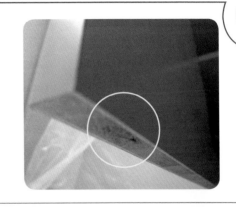

▸ 门板最底层没烤漆，还是原来的木色。

**状况 3** 木皮没粘紧，脱皮收场

一般柜子是用细木工板为底材，四周再贴皮。但这位师傅在做的时候，显然是只用胶随便粘一粘，又没粘好，贴皮就掉了下来。

▸ 木皮这样掉下来，真令人傻眼。

**状况 4** 拉篮高度没算好

理论上，木工柜内的拉篮应该都可以顺畅地拉进拉出，但这个拉篮在拉出来时会卡到台面，可见师傅安装时不用心，装的位置不对，才会造成这样的结果。

▸ 拉篮卡到台面，不知这师傅是怎么装的。

**状况 5** 抽屉错位

理论上，柜子的抽屉应该都在同一直线上，但图中的抽屉显然没有排好队，相互错位了，不在同一直线上。

▸ 很少有机会看到的状况，上下抽屉还会错位。
本文部分图片提供 __ 网友鸡肉卷

做木柜大概是许多人认定的装修项目之一，请木工师傅做柜子，好处是能善用空间，即使是零散的地方也能充分利用，而且木柜的防潮能力也很好。木柜的工法除了基本原则之外，还有一些小秘诀，会让柜子更耐用哦！

## 秘诀 1 背面放防潮布

柜子后方直接贴墙壁，易受水汽影响，所以最好在柜体后方加防潮布。这种VC布很便宜，一般含在柜体设计费中，要记得提醒施工队或设计师加上，尤其是在柜体背墙的隔壁就是浴室或是直接会淋到雨的外墙时。

▲ 柜子后方最好加层防潮布，可防湿气。
图片提供_亚凡设计

## 秘诀 2 柜底加脚

地面易积湿气，所以柜子最好不要直接贴地，要做脚。不然，细木工板接触到湿气，时间久了易变形或发霉。而且如果地板不平，做脚也可调整高度。别担心柜脚会难看，你也可以再包裹踢脚线，就看不到脚了。

▲▼ 柜子留脚，可防底下湿气，也可调整不平的地板。固定柜在做之前（下图），会先以龙骨做出柜脚高度。

▼柜脚外可包裹踢脚线，就看不到脚了。

## 秘诀 3 层格宽度要注意

一般书柜因承重较大，18mm板的长度最好设定在80cm之内，较不会发生凹陷，若能在60cm以内，则更好。衣柜的长度则最好不超过90cm，挂衣杆也是一样，长度超过1米，要在中间处再加个固定环。

▲ 这个层格宽达 115cm（超过 90cm），若摆的衣物较重，日后层板易下陷。

▲ 古人说，书中自有黄金屋。真的，书都很重（呵），所以 18mm 厚层板宽度最好不要超过 80 cm，不然，多会承受不起。

▲ 挂衣杆太长时，要再加固定环。

## 秘诀 4 柜子做导角会更安全

把柜子边缘90度的转角修成圆形的，就叫导角（或倒角）。圆圆的导角与90度锐角比起来，撞到时较不痛也不易撞伤，所以家有老人、小孩或未来会有小孩者，都适合做有导角的柜子。

▲ 柜子若要做导角较安全。
图片提供_集集设计

▲ 导角就是将两片板材原本 90 度的夹角修成圆角，若撞到也不会太痛。

## 秘诀 5　侧板孔洞要多打

许多朋友家里的柜子都是做固定搁板，姥姥就奇怪为什么不做活动式的，就可视物体高度来移搁板了啊？有位设计师跟我解释，施工队不一定有打孔板，若要一个一个钻孔，会很费工。

其实这打孔板很好做。先裁一片10×35cm的板子，每隔3cm就打一个孔，要在同一直线上，这个板上就会有10个孔啦。接下来就可以此为基准，在侧板上照着位置打出一整排的孔。

但要注意孔的大小，若孔洞内要装铜珠母，孔就得大点，铜珠母才塞得进去。孔洞多是一整排打下来，但是，仍有部分师傅会只打两三个而已。多打一些可方便日后层板移位。

对了，要跟施工队多要一两片搁板，也许会加钱，但最好备一两片。姥姥的经验是，家里的东西会随着年月的增长而增多，到时就会希望柜子多一格，这时备用层板就能发挥其价值。

▸ 侧板放搁板的孔洞要打一排（上图），方便日后移位。下图的柜子，就只打了3个孔而已。

## 秘诀 6　门板可贴镜子

穿衣镜放在衣柜附近方圆1米内是很好理解的事，但有时，设计师或施工队会找不到放镜子的地方。虽然我无法理解到底发生了什么事，但我真的看过好几个案例卧室里都没有全身镜。当然，这可能是预算的问题，但拿掉一些灯光或装饰工程的费用，应该就有钱做镜子了。

镜子可以贴在柜子门内或门外，有的人觉得门板外贴镜，会有半夜被自己吓到的疑虑，那也可以贴在柜子门内。不过，贴在门板内的话，照镜的回旋空间较小，与贴在门板外相比，有些女生想看身后的造型或转几圈看裙摆飞扬的样子时，会比较不便。

有的设计会用到伸缩式五金的镜子，也可以，但我个人觉得每天拉出拉进的，有点麻烦。另一个可以贴镜的地方，是卧室门的背后，这也是常见的选择。

▸ 柜子门板的内与外都可贴镜，卧室门后也是"藏镜"的好地方。

**秘诀 7** 活动式柜体

矮柜做成活动式已成趋势，搬家可以带走，平日也可视个人喜好或心情移位。但活动式只适合矮柜、半腰柜等，若是面积较大较重的书柜、餐柜、木橱柜，仍建议做成固定式，以免地震时倒下来。

▲ 像床头柜，就很适合做成活动式的，日后搬家还可以带着走。

▲ 大片木柜仍以固定式为佳，以免地震时倒落。
图片提供_集集设计

---

◀》 **must know** 你应该知道　　　**木柜的省钱术**　　安全+第一

**省钱1 无把手门柜**

通常无把手的柜门设计，可以省点五金费。

 没把手的柜子，看起来较利落。

▲ 无把手的木门板，可省下五金费用。门板上端斜切45度角，即可不用把手开启门板。

**省钱2 拉篮的费用比抽屉省**

其实，做拉篮不只省钱而已，因为木抽屉要留前后与两侧木板的厚度，所需空间较多，所以抽屉的空间会比拉篮小；另外拉篮只要用好一点的钢材与轨道，使用寿命也很长，而且比抽屉更加透气，适合用在衣柜、餐柜、橱柜。若你家环境较潮湿，更适合设计拉篮，因为跟抽屉比起来，衣物较不易发霉。

安装拉篮时，最重要的是确认尺寸与柜子相合。姥姥之前的衣柜中的拉篮，拉一拉就会掉下来，后来请师傅来看，才知道是当时的木工师傅没做对尺寸。所以做好后，一定要试拉个十几次，确认无误才付钱。

▲ 拉篮较抽屉省钱，也透气，适用在衣柜里。

▲ 选拉篮时，钢条较粗的比较好，钢条密度高者也较佳。

## 木工工程

# 04

## 只要5分钟，
## 一口气弄懂板式家具

我很
后悔

苦主 _ 网友 Juice

## 最无力！
## 板式柜搁板一年就下陷

| 事件 |

我家是老屋整个重新装修，水电、瓦工
工程就花掉了大部分的预算，柜子的部
分我全部用板式家具。一年后，放书与
杂物的那个柜子搁板竟然下陷了，就是
一般人说的"微笑曲线"，真是的，竟
然用不好的搁板给我，当时我问店家放
很重的物品也行吗？店家说没问题，结
果还不到 1 年，就弯掉了。

放了书与杂物的这个搁
板，使用不到 1 年就下
陷了。

现场
直击

▶ 各式板材比一比
由左到右，分别为细木工板、防潮刨花板、多层
胶合板、密度板。板式家具多由刨花板或密度板
制成。

> 板式家具这几年也在大陆占有很大市场，因为各地的工资与材料费实在差很多，板式家具与木工师傅做的家具价格谁高谁低，会依各地不同。但是板式柜与木工柜到底选哪个好？姥姥认为，各有优缺点。

 神农氏尝遍百草后，最大的发现就是毒草旁边，就长着可当解药的药草。这个现象被文字化后，就叫天生一物克一物；被宗教化后，就叫祸福相依；被人性化后，就叫结为连理，你旁边睡的人就是你的克星。

身为记者，最怕的人就是编辑，因为她会来催稿，会来跟你说："嗯，写得还可以，但你这里要再补一段。"感觉自己似乎像个犯错的小孩。

板式家具，我本来不想放在工法中谈，因为这比较偏家具好坏，但我的编辑以悲天悯人的胸怀告诫我，板式家具还是很多人在做的，不写怎行呢？我只好乖乖地把朋友Juice与网友们的经验拿出来，写篇比较综合版。

## 板材封边要好才耐潮

板式家具这几年也在大陆占有很大市场，因为各地的工资与材料费实在差很多，板式家具与木工师傅做的家具价格谁高谁低，会依各地不同。但在姥姥的博客那，最常被问到的问题都一样：板式柜与木工柜到底选哪个好？嗯，各有优缺点。

先来看材质，木作柜多是用免漆板在做，免漆板是种有贴皮的细木工板，细木工板是由小木块组合而成。板式家具则有两种，一种是用刨花板，底材由打碎的木碎块经由高压压制而成，表面贴三聚氰胺板，比细木工板的塑胶贴皮耐刮耐潮。另一种是密度板（MDF，中纤板），密度板与刨花板的差异在于，底材是由木质纤维经高压压制而成，表面饰材也是三聚氰胺板。

住在气候较潮湿的地方，要首重防潮力。防潮力不佳者，只要水汽一进入，就易起鼓变形。三种板子的防潮力如下（先不谈黑心货）：

细木工板＞刨花板＞密度板

但根据姥姥的实验与多个实际案例来看，底材并不是防潮的决定因素，只要"封边"做得好，防潮力也能很好。所以有好的封边，连密度板都有很好的表现。

▲ 板式柜可结合实木门板
有的板式家具商推出贴实木皮的门板，质感向木工柜迈
进了一大步。

◀ 板式家具耐刮磨，但造型较老土
板式家具表面虽然耐刮耐磨，但花色木纹大多没什么质
感。图片提供＿亚凡设计

不过，这封边技术质量就差很多了，大陆有几家工厂的货在台湾也有卖，有的底材物理特性表现都很好，但也有表现较差的。选购时要特别注意封边，若衔接线缝太大，又凹凸不平，就代表封边不好，水汽易从这侵入底材，柜身就很容易变形。

所以在订货单上注明是哪一家品牌的板子，是必需的，以免鱼目混珠。除了板材要指定之外，合叶五金也是重点，尤其是衣柜，因为开合次数多，也较多拉篮抽屉，五金的等级是很重要，有终身保固的会较好。

以承重力来看，细木工板也较佳。但若是衣柜，根据几位朋友的经验，板式家具或木作衣柜都OK。若是书柜，需要较好的承重力，细木工板较佳。如果预算有限，要用板式柜，搁板要厚点，最好达25mm以上。搁板宽度也要注意，18mm厚的刨花板，长度不超过60cm，不然，容易中间凹陷。

以甲醛量来看，全有板材都是E1低甲醛，但板式家具会更好一点，一个是因为有甲醛量几近于零的E0板子，但价格仍算平实。细木工板虽然也是低甲醛，但是门板要用胶黏合，部分黏着剂强力胶会有挥发性物质。

不过造型上来看，木作柜的质感及空间利用率皆大于板式家具柜。板式家具最大缺点，就是三聚氰胺表层的质感高低差很多，西施东施都在同个产业中。有的花色真的跟东施一样，木纹超假，没啥造型可言。不过也有些品牌的花纹跟西施一样动人，尤其是仿实木木纹，仿真度真是让

▲ 五金重品牌
五金材质很重要，会影响到柜子使用的便利和寿命，选择可以信任的品牌，是最稳当的方式。

**正确工法**

人另眼相看，质感相当好。

选板式家具时，我的建议是知名品牌不代表顶级，但有一定的质量，不知名不代表不好，但市面上有点乱，仍要多比较。

## 板式柜与木工柜比较

| 种类 | 板式柜 | 木工做柜 |
|---|---|---|
| 板材 | 以刨花板为例 | 以贴皮细木工板为例 |
| 板材厚度 | 有多种厚度，以18mm为例 | 有多种厚度，以18mm为例 |
| 耐潮力 | 也不错 | 较好 胜 |
| 承重力 | OK | OK，但较好 胜 |
| 空间利用率 | 会有尺寸限制 | 可完全善用零散空间 胜 |
| 造型 | 变化较少 | 变化多 胜 |
| 甲醛量 | E1 等级 胜 | 板材是低甲醛，但黏着剂易有挥发性化学物质 |
| 施工时间 | 较短 胜 | 较长 |
| 清洁 | 现场干净 胜 | 现场施工，木屑多 |

资料来源：各木工师傅与各板式家具商家

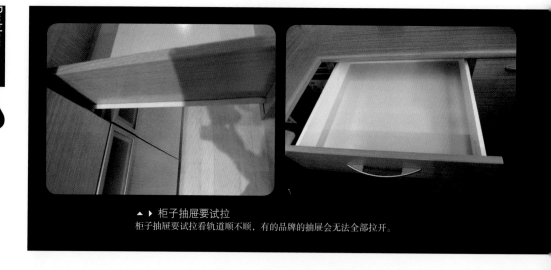

 ▲ ▶ 柜子抽屉要试拉
柜子抽屉要试拉看轨道顺不顺，有的品牌的抽屉会无法全部拉开。

Tips
血泪领悟123

(1) ▶ 板式家具柜不一定比较便宜，还是要多比较。

---

◀)) must know
你应该知道

省钱柜的4种做法

若因预算有限，想做个省钱又有质感的柜子，有没有什么办法？有的。

1. 柜身用板式柜：一般板式家具的柜身比木工做柜便宜，所以可以柜身订板式家具的，门板让木工师傅来做，质感较好，造型也多变，但建议门板就别贴塑料板了，贴实木皮比较好看。

2. 柜门板改用布帘：若觉得木工做的门板或板式门板还是太贵，可用布帘代替门板，

◀ ▲ 用布幔代替，若到不错的布料，质感也不输木工柜，会有另一种风味。

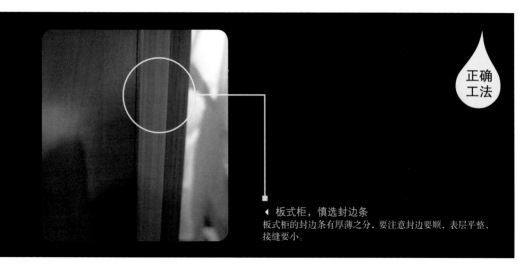

◀ 板式柜，慎选封边条
板式柜的封边条有厚薄之分，要注意封边要顺，表层平整，接缝要小。

 ▶ 板式家具在比价时，要把抽屉拉篮等配件，一起算入。

 ▶ 住在潮湿地区的人，最好选防潮刨花板为底材的板式家具，且封边良好，才不怕受潮。

柜身则去买宜家等现成产品。布幔若选较便宜的，可省下好几千元；若选质感好一点的布，整体质感是不输木工柜的。

3. 挑宜家的门板：去宜家挑门板，然后请板式家具商家打造相合尺寸的柜身，费用也比全做木工便宜，且造型也好看。

4. 木工拉门加宜家柜子：网友 Lillian 提供的好法子。柜子的柜身买宜家的，然后请木工师傅做个"拉门"（又称移门），拉门高度从地板做到天花板，把宜家的柜子藏在里头，整体造价也比纯做木柜便宜许多，且外观看起来也很好。

▲ 木工做的拉门搭配宜家柜身，拉门上还可涂黑板漆，当成记事板。
图片提供_ Lillian

207

# 木工工程 05

# 合叶责任大！
# 五金好坏谁看得懂？

我很后悔

苦主 _ 网友 Anwei

## 最短命！
## 合叶五金
## 用了一年多就锈了

| 事件 |

我家的浴室合叶用了不到一年就锈得不像话，虽然还没断，但我看也快了，为什么那么快就锈掉了呢？

▲Anwei 家浴室中的合叶，全身都是锈屑，好像用了几十年的样子。

图片提供_网友 Anwei

Problem_
live report

正确工法

▲ 合叶产品标示
产品上都会有印品牌名，十分容易辨认。

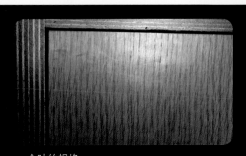

▲ 合叶的规格
分半盖、全盖、不盖三种，就看你喜不喜欢露出柜身框，照片为不盖。

▲ 阻尼合叶
有阻尼设计的合叶，柜门会慢慢关起来，不易夹伤手。

▲ 三节轨道
三节轨道好坏差很多，用到质量不佳的，抽屉很难拉。

装修时，多将焦点放在吊顶、地面、墙面等大面积物体上头，往往会忽略掉小小的五金。比如做柜子，板材的部分不易偷料，但五金就很好下手了。如果用到质量差的合叶，柜门很快就会掉下来。

装修，真的是最遥远的距离。即使施工队就在你面前偷料，你一样不知道、看不懂，还会跟他说谢谢。这就是一般人在装修工程中弱势的地方。

## 看品牌选五金

比如做柜子，木板材的部分不易偷料，但五金就很好下手了。拿柜门的合叶来说，对一般大众而言，长得都差不多，讲品牌，一个都没听过！姥姥于是做了调查，问了十几位师傅，跑了几个工地，查看哪些品牌价格便宜又好用。

还不错的品牌：Hettich（德制，也叫海蒂诗）、Salice（意大利制）、Blum（奥地利，也叫百隆，较贵，但大家都说好）、Glass（奥地利制）。

合叶与抽屉三节轨除了标准规格，也有阻尼缓冲的，就是关门板时，门板不会马上发出砰的一声，吓得人头皮发麻！不过，油压缓冲的价格较贵，以Blum合叶铰链为例，无阻尼的一个20元左右；有阻尼的一个约30元。若用在浴室或有水汽的地方，则建议用不锈钢材质。

合叶铰链在选购时要注意，有分全盖、半盖与不盖三种规格。盖不盖是指门板关上后，可否看到柜体框，若几乎都看不到，就是全盖；半盖是盖一半，不盖就是完全露出啦。这三种没有质量好坏的问题，纯是美感，只要你觉得好看就好了。

Tips
血泪领悟 123
安全+第一

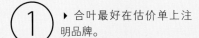

① ▶ 合叶最好在估价单上注明品牌。

② ▶ 若担心门板夹到手，可用阻尼缓冲合叶。

木工工程

# 06

# 室内门被黑心，
# 门合叶被偷换成柜合叶

我很
后悔

苦主 _ 网友 Anwei

浴室的门是隐形设计，但
没用多久，门不但要用力
抠才开得了，也关不起来，
最后只好加装门把手。

## 最走光！
## 隐形门关不上，
## 暗门超难用

| 事件 |

我家卫生间门做成了隐形门，就是看起来是面墙，但其中
藏着个门。现在门不但关不起来，缝还很大。这是从投资
客那里买的房子。原本好的时候，门跟墙壁完全在同一平
面，但是要开门，还是得用手抠凹缝（门边被摸得很脏那
块，很容易认），还要很用力才能打开（来家里的客人都
不太能开得起来），再加上家人常夹到手，我们最后只好
安装了门把手（又称门拉手）。我现在很想把整个门换掉。

---

## 网友 Anwei 的失败隐形门大解剖

现场
直击

▲ 卫生间隐形门关不住
卫生间门关不起来，要用手抵着才能与墙齐平（右
图）。

▲ 五金损坏一大堆
最下方金色的门锁是后来新加的，因为原本中间的银灰色锁坏
掉了，最上方的把手也是新加的，好方便开门。还有，原本可
让隐形门一压就弹起来的五金（右图），也早已经坏了。

木工师傅把给柜子门板用的合叶拿来给室内门用，竟把室内门当柜子的门板在做！因为承重力不足，合叶很快就会失去咬力，门关不起来，还会有一堆问题陆续发生……

较常见的隐形门设计，就是将墙与门做成同一片木墙，其中一片是门，但外观看起来就像一整片墙。

看到Anwei寄来的照片时，我跟专家们都傻眼了。她家的隐形门做法真的是超出常理，一般偷工也只是换不好的料而已，她家更夸张，大概只有做投资买卖的房子才会这样做。所以，要买投资客的房子时，一定要找位懂装修的朋友同行。不然，就跟对方讲，要降低价格，我要重做装修，因为里头黑的实在太多，整个砍掉重做较保险。

### 门合叶用柜合叶替代，很黑心！

来，解释一下，这个隐形门离谱的地方，是把室内门当柜子门做。嗯，先谈一下室内门的做法与柜门做法的不同。

室内门的重量远大于柜门，再加上开合次数多，所以门合叶与柜门的合叶是不同的。

合叶是分"承重量"的，若把承重0.5公斤的拿去承重5公斤，用不了多久，合叶就会罢工，锁在墙面的部分也会松脱，与墙壁"渐行渐远"，最后就是门会关不紧。

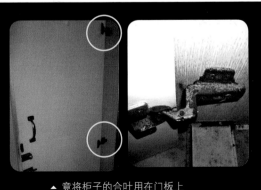

▲ 竟将柜子的合叶用在门板上
光看合叶就知道这师傅把室内门当成柜子的门板在做，很糟糕的做法，合叶也锈得非常厉害。

一般室内门采用标准规格的门合叶，隐藏式门板则要用液压缓冲闭门的门合叶。依照木工卢师傅的说法，液压闭门合叶可设定角度，如门开启90度后，一旦回到45度，即会慢慢关上。这个45度也可调整到60度或30度，好的门合叶重量较重，厚度也较厚，使用寿命较长，不易发生门关不上的情形，但价格比较贵。

好，来看看Anwei家的隐形门设计，她

▲ 液压闭门合叶
具液压闭门功能的门合叶，中间有一孔可插入螺丝起子，调整角度。使用时不能强迫它门关，不然容易弄坏。

 Tips
血泪领悟 123

① ▶ 最好买等级较高的液压闭门合叶，若没什么预算，宁可不做隐形门，以免日后更换会花更多的钱。

家夸张的地方，就是木工师傅把给柜门用的合叶拿来给室内门用，因为承重力不足，所以合叶很快就会失去咬力，门关不起来。且这个合叶使用不到一年就锈成这样，可能还是二手的。

### 隐形门设计，美意被破坏

还有，在门把手的地方也用了柜子门板才会用的压弹式合叶铰链。这种合叶五金，就是按压下去会将门板弹开一点，好让人开柜门。但这没心没肺的师傅或投资客，把压弹合叶用在室内门上，当然很快就坏掉了，所以Anwei一家变成要用力抠门缝，门才打得开，但门开了后又易夹伤手，后来才又加装了门把手。

设计这种隐形门还有个小地方要注意：常推门的地方会出现"脏脏的"印子，所以表层木片要选易清洁的，不然用久了污迹很难清掉，隐形门也会因这块地方而破坏原来的意图。

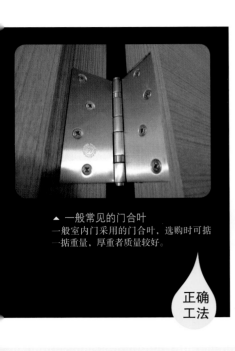

**▲ 一般常见的门合叶**
一般室内门采用的门合叶，选购时可掂
一掂重量，厚重者质量较好。

正确
工法

**must know** 你应该知道

# 液压闭门合叶，
# 千万别手动加速

不少网友反应液压闭门的门合叶不好用，才 1 到
2 年就关不起来，有的可能是合叶质量不佳，但
更多是房主使用方式不对。关门时，不能强迫门
"加速" 关起来，对待这种门，得跟对待小孩一
样，就是要让它自己慢慢来，不要催它，也不要
推它，不然容易坏。只要注意使用方法，就能长
长久久。

**② ▶** 室内门皆要使用门合叶，隐形门
板则可选液压闭门功能的门合叶。

**③ ▶** 安装液压闭门的室内门，不能硬把
它关上，会容易坏。

# SOS
补救手帖！

# 优良合叶五金，
# 值得投资

如果真的遇到像 Anwei 的状况，该怎么解
决呢？

我们可以再请木工师傅安装新的门合叶，
但姥姥也要提醒大家，若遇到与五金质量
有关的设计，一定要花钱买好的五金，不
然就换设计，以免日后麻烦。像这种隐形
门常发生关不起来的情况，原因不一定是
安装了柜门合叶，而是装了较便宜、使用

期限较短的液压闭门合叶。

重新找木工师傅来安装五金，花钱又伤神；
因为木工师傅不一定会接这种小活，你光
找愿意接活的师傅可能就要花不少时间。
更惨烈的是，门板若已腐坏，连五金都无
法装，就只好全部打掉重做，又要花许多
时间，失去的不只是钱而已，可能连去哪
里洗澡都要先想好。

# 木地板有学问，实木、多层、强化复合比一比

我很后悔

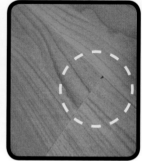

苦主 _ 网友阿福

## 最受伤！木地板胶水胡乱喷

| 事件 |

我家共有 3 个房间施工，3 个房间是不同师傅。当初选择了强化复合木地板，那时因为预算有限又不甚了解，就选择了本土厂有一年保修期的强化复合系列。在店面因为没有这一款的样本可以参考，店员又说铺起来跟其他系列一样，所以就下手了，但到后来简直是一团乱，地板有许多地方不是接缝过大，就是有裂痕和缺角。

地板有许多地方被撞伤而且缺角。

板材接缝大小不一

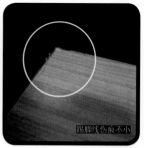

踢脚线伤痕不小

▲▶
强化复合木地板板材间，直排与横排的缝隙大小有落差，踢脚线也有多处伤痕累累。

木地板可分成三大类，一是多层复合木地板，二是强化复合木地板，三是实木地板。三种地板在材质上各有不同，也适应不同需求，选择上除了价格，要特别注意施工过程，以及完工后地板高度是否统一的问题。

大家看了200多页姥姥写的文章，大概都想睡觉了。所以这一章，我们请网友阿福当主角。这是一段不堪回首的往事。

我一直到施工完毕，才了解施工方式的重要性。防水隔音层、接合、收边这几个都很重要。先从接合说起，因为该款地板需要上胶，而胶水喷得到处都是。当时问施工师傅，回答说用水就可以擦掉。的确可以擦掉，但是喷到墙壁上的胶水就很不好处理。

在施工的同时，踢脚线的漆也被刮得伤痕累累，不知道是不是亮面漆比较厚的关系，我自己补了好几次还是不太平整。

这款木地板上了胶水之后还必须用槌子大力敲才会密合，导致上面强化复合那一层有些已经被敲裂，而且木地板的接缝看起来就是不舒服，每条缝隙的大小不太一样，有的很大，没有网络上其他网友分享的那样漂亮。

防水隔音层是用防潮垫的那一种，我不清楚其他家的施工方式，我家用的不是完整一整片的防潮垫，而是拼拼凑凑看不出规则的排法，像是要把防潮垫的料物尽其用，甚至有一些大于10cm以上的空隙（仅目测），而且固定方式是将铺在地上的防潮垫用刀片挖洞（洞还挺大的，三个师傅挖的洞也是没有一个准则），然后在洞里面挤上玻璃胶去粘，看起来好像不太牢靠。

上面这些我觉得是问题的问题，当场问施工师傅以及打电话问木地板公司业务员，他们都说这是正常的施工方式。我想这是他们公司自己的师傅，原厂都敢这样说了，再加上有一年的保修期，我想就先这样吧，跟他们耗下去好像不太值得。

但事后我觉得他们的施工真的很不好。因为施工的隔天我就把一些简单的问题处理好了，所以现在只能拍到地板裂缝以及接合处破损的问题。

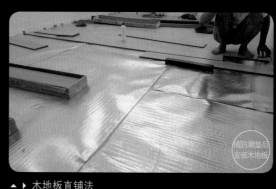

正确
工法

铺防潮布

铺防潮垫后
安装木地板

▲ ▶ 木地板直铺法

直铺法常用于强化复合地板，最底下会铺层防潮垫或防潮布，才再上木地板。防潮垫是整片的，个别不好的师傅，会用别家剩下的防潮垫东拼西凑；铺地板时，师傅会使用木条来打地板，让板材更紧密地接合。图片提供__亚凡设计

从阿福的经验我们可以知道，"即使是原厂师傅，也不能保证品质。"因为这关乎一家公司的管理能力，总公司说什么和做什么，不代表第一线的施工队就会说什么和做什么，房主还是自己做好功课吧。

木地板可分成三大类，一是多层复合木地板，二是强化复合木地板，三是实木地板。

## 木地板三大类——多层复合、强化复合、实木

**多层复合木地板**：底材是多层板（胶合板），由横直交错的木薄板经高压压制成，上面再铺层实木皮。优点是防潮力与稳定性相对较好，但缺点是表层不耐刮不耐撞，也有缝隙易藏污的问题。现在也有商家推出较耐刮以及无缝的多层复合木地板，只是价格都比较贵。

**强化复合木地板**：底材用高密度板（为回收木材打成木粉后，再高压压制成，也叫高密度纤维板），上面铺一层三氧化二铝的耐磨层，最大优点就是耐磨，但表层的质感高低差很多，多半仍比不上实木，但也有仿真度极佳的产品。

**实木地板**：整个地板由实木制成，最贵。不同木种价差颇大。实木的好处就是触感与质感都很好，有的木种还会散发淡淡木香，不过保养上需多费心。另外，若没有选硬木木种，表层较易刮伤，不耐撞，防潮力也较差，容易变形起拱。

## 常用三类木地板比一比

| 类型 | 主要材质 | 施工方式 | 材料价格/平方米 | 优点 | 缺点* |
|------|---------|---------|--------------|------|-------|
| 多层复合木地板 | 底材：多层板<br>面材：实木皮 | 平铺 | 15mm 厚<br>120~240 元 | 防潮力与稳定性较佳，不易变形 | 表层多半不耐磨不耐撞，缝隙易藏污；耐磨型则价格较高 |
| 强化复合木地板 | 底材：高密度板<br>面材：三氧化二铝的耐磨层 | 直铺<br>平铺 | 12mm 厚<br>50~150 元 | 表层耐磨耐撞 | 质感不如实木 |
| 实木地板 | 全实木 | 平铺 | 18mm 厚<br>150~500 元<br>（视木种不同） | 触感质感俱佳，还能散发木香 | 易变形，保养要费心，价格较高 |

\* 注 1：甲醛量皆有 E0 板可选。
\* 注 2：皆有可能被虫蛀，但几率分别为实木＞多层＞强化。
资料来源：木地板商家

## 平铺法、直铺法、架高地板的差异
除了材质，我们来看工法上要注意什么。

若原地板够平整，最简单的为"直铺法"：先铺层防潮垫或透明塑胶防潮布（防潮垫较佳，还有点吸音效果），然后直接铺木地板板材。记得防潮垫一定要铺完整，每片之间是交叠放的，不能像阿福家的那样，中间还空个10cm空隙。若家是在较潮湿的环境，最好交叠20~30cm左右，反正防潮布很便宜，这部分不必省。

若原本的地面不平，或是要下钉的地板，要在防潮布上再加层12mm的多层板，然后才铺木地板，这种铺法叫"平铺法"。

大部分多层复合木地板与实木地板都采用"平铺法"。铺设时，多要上黏胶，也须打钉固定。若碰到偷懒或不认真的施工队，在打钉时没有钉好，日后接口处就易松脱。

超耐磨木地板比较复杂，若底材材质是密度板，则多半不必打钉、不必上胶（有的板材仍要上胶才会密合），可以直接铺在瓷砖地板上，不会伤到地板。要注意的是，这种密度板的板材，是"不能打钉"的，若要在上头放五金配件等，只能用粘的。

▸ 木地板平铺法
除了防潮垫外，再加多层板，
通常用在铺设多层复合木地板
或原地板不平的时候。
图片提供__亚凡设计

▸ 木地板架高法
防潮垫铺好后，会加架高的龙
骨，上方再铺多层板，最后才
铺木地板。
图片提供__亚凡设计

架高角料

## Tips
血泪领悟 123
安全＋第一

① ▸ 木地板的防潮垫必须
贴满地板，每片中间也要
交叠。

② ▸ 木地板四周要留伸缩
缝约 8~12mm，视板材
不同而定。

还有一种是架高木地板的铺设方法：在防潮垫铺完后，先加龙骨，再加
12mm或18mm多层板，然后再铺上木地板板材。

板材送到现场时最好检查一下，姥姥就曾一拆开刚送到的木地板，就发
现里头有几块破掉了，可见送货时没有做好保护。

木板材在拼接时，大多会用木槌子敲击，让木板材更紧密结合，但这一
敲下去，底材不是很扎实的地板或是没有导角设计的地板，就容易被敲
破边角。

### 未算好高度，造成地板高低差
自己找施工队时常发生的一个疏忽就是没算好地板高度。**木地板采用平
铺者，除了地板板材本身的高度外，还要加上底下多层板的高度。**例如：
板材本身为15mm，多层板为12mm，再加上防潮垫1mm，总高度就要
28mm（若加地暖，要再与施工队确认高度）。算这个干什么呢？若你
家客厅是铺抛光砖，卧室是铺木地板，就要确认好两者的高度是一样

正确
工法

铺底材
多层板

铺木地板
板材

③ ▸ 若地板要上胶，请师傅好好处理。在开工前，要跟工头说好，并用白纸黑字写下来，若胶粘在墙上，请他们自己清，不清，不付钱。

④ ▸ 地板缝隙的大小，房主与师傅往往有不同看法，最好施工前先拍下木地板公司的模板地板，以照片的缝隙大小来验收，较不会有争议。

的。不然就会出现高低差。通常瓦工施工队已撤场了，就只能改木地板的部分，会较麻烦。

 must know
你应该知道

# 木地板铺设报价方式

 安全 第一

木地板的施工可请设计师做，也可直接找木地板厂商来做。工费计算方法，各家厂商不同，有的含收边玻璃，有的不含，有的含踢脚线或压条，有的不含，所以要问清楚。有的品牌的计价方式是连工带料一平方米来算，还是最低铺设面积限制，如不足 20 平米，要再加费用。没有电梯、要爬楼梯的楼层，也都要加额外费用。

一般报价依不同工法而定。多层复合与实木地板报价多是胶合夹板与防潮垫费用；强化复合木地板则多以直铺法（只有防潮垫）报价，要架高或加胶合板，都要另加费用。

## bonus 同场加映

# 关于木地板的 6个Q&A

与地砖相比，木地板触感温润，木纹自然，获得很多人的喜爱，但木地板的问题也比地砖多。姥姥把一些博客中网友常问的问题，拿去询问多位专家达人，集结成这篇答客问，大家请慢看。

**Q1 如何预防木板材热胀冷缩？伸缩缝要留多大？**

**A** 木板材会热胀冷缩（正确讲法是湿胀干缩），所以要留伸缩缝，且要留得够大，才有用。伸缩缝有两处，一是地板与墙面间，大约8~12mm，视所使用的板材尺寸而定。

另一个伸缩缝是板材间的留缝，视不同的底材而不同，有的木地板本身缝就较大，约1~2mm，有的则可达到近乎无缝（姥姥注：华北地区不适合无缝，易起拱），但"无缝"只是个"相对"的形容词，并不是真的无缝，而只是说缝很小，但还是会留条线的，有时大家对某些名词有不同的理解，也很容易起纠纷。

每个人对缝的大小看法不一，房主往往跟师傅的看法不一致。所以最保险的方法，就是把公司样品示范中的地板拍几张照片，选出你能接受的缝隙大小，把照片拿给木地板师傅看再作讨论，若做不到这缝隙的大小，请不要跟师傅签约，也请师傅不要施工，以免完工后，为了缝隙大小而吵起来。

▸ 与墙衔接处要留伸缩缝，铺木板时，先用小木片抵住，之后再上玻璃胶收边。

▲ 最好先拍好照片，以图中地板缝隙大小为准，以免日后发生纠纷。
图片提供 __vawen

**Q2 收边有几种方式？常见的问题有哪些？**

**A** 收边大致有3种方式，一种是不用收边条，而直接用玻璃胶或弹性填缝剂涂满墙角的伸缩缝；另一种是用收边条，收边条有许多样式，T字型、一字型、圆弧型、L型等；第三种是用踢脚线收边。

哪一种比较好呢？从工法来讲，用玻璃胶收边就足够了，其他的收边条，只是美观的问题。只要跟个人主观审美有关，就没有好坏。不过，玻璃胶也要好好打，收边条或踢脚线也要好好贴。不过就是有的师傅很粗心，我看过网友家的踢脚线"没有"贴着墙，也看过玻璃胶忘了打的，只能说问题无处不在，大家要自求多福。

▸ 收边条装好后，也要玻璃胶收边，此外，收边条也可用在异材质或不同地板间的衔接处。

▲ 伸缩缝约8到12mm，可直接用玻璃胶收边。

**Q3 新做的木地板走过去时会发出"啪啪啪"的声音，是为什么？**

A 造成木地板有声音的原因主要有四点：1.木地板底下没铺平有缝隙；2.板材松脱没有紧接；3.与第2点刚好相反，是板材接得太紧而造成；4.伸缩缝没有留够。

常有房主要求接缝一定要小，最好无缝，或者是四周的伸缩缝也要小，觉得有缝不好看。但木地板是活的，活的意思是会伸缩。它会随着湿气不同而产生内在变化，所以有伸缩缝才能让它尽情舒展，若伸缩缝留得不够，让木地板直接与墙壁紧贴，或板材间彼此推挤，就易起拱或脚踏有声。

若发生木地板走过时有响声，则可请师傅重铺，验收时尤其要注意进门处，还有异材质交接处，如瓷砖与木地板衔接的地方，都较易产生声音。

▲ 有的板材因四周伸缩缝不够大，加上板材间又是无缝的接法，会造成木板无法热胀冷缩，而造成声响或起拱。

▲ 进门处的木地板，较易产生声音。

**Q4 木地板寿命有多久？**

A 木地板一般可用10~30年，主要看品牌与产品质量，而与强化复合或多层复合无关。有的多层复合3年就会弯曲，有的则可撑30年；强化地板也是一样，因为这两个领域有太多太多的厂商，质量可以相差很多。专家们说，只要平日有除湿，多半使用期都很长。但前提是不被蛀虫侵袭。

蛀虫是木地板的大敌，因为现在的板材都是低甲醛，对人很健康，对虫也很健康，所以蛀虫率比以前高许多。木地板的蛀虫有好几种，大致分两种类型，一是虫卵已在板材中的，到你家后，有了温暖，也有了水分（主要在气候潮湿的地区），就会孵化；另一种是外来的，像白蚁，这就是概率的问题，只好找除虫专家来消除。

**Q5 西晒的房间地板怎样施工更好？**

A 西晒的房子，施工的工法是相同的，不过，若阳光长久照射，大部分的木板材都会褪色。现在市面上也有卖防紫外线、保10年不褪色的木板材，可以选这种板材。不然，就得窗帘多加块遮光布，不要让阳光直接照射到地板。

**Q6 木地板的损坏瑕疵有没有简易修补法？**

A 实木地板的小刮伤，稍微打磨上漆即可；如果是多层复合，可用地板蜡推一推，就会淡一点；或者一些店也有卖地板修补剂，可以自己来修补；如果是大刮伤，就要看你的忍受度。因为生活难免会造成刮痕，硬是要换的话，不只有刮痕的那一片，周遭的木片也要换。瑕疵的那一片是用电锯挖起，因为接口会被破坏，新的木板必须要用胶粘。另外，更换时木屑会满天飞，家具重新归位后，房间还要清洁。

# 抗潮但不耐撞，
# 认识多层复合木地板

我很后悔

苦主 _ 网友小雨

## 最虚伪！
## 染色多层复合木地板，
## 杂木假装紫檀木

|事件|

当初选多层复合木地板时，施工队问我们要选什么材质，师傅一直说紫檀木很好，是高档木头，我们查资料也查到紫檀木确实很好，就花了较多的钱忍痛下单。但后来朋友来家里一看，这根本就不是紫檀木。不但木种不对，地板铺了3年多，窗边常照太阳的地方还会褪色。

这是施工队说的紫檀木多层复合地板，当然，根本就不是。接近窗边的地方还褪色了。

▲ 浮雕处理的木地板易藏污
近来很流行浮雕实木皮，浮雕处理能使木纹的纹理更明显，质感与触感都较好，但缺点是凹凸缝隙多的话，较易藏污，清理起来较困难。

现场直击

Tips
血泪领悟123
安全+第一

① ▸ 多层复合木地板的表层实木皮，常被染色伪装成好的木种。若真的很重视木种种类，可要求在出货单上注明为何种实木，出现纠纷时可求偿。

多层复合木地板是由薄薄的一层实木面皮与多层板结合而成，许多厂家会把表层原木种的优点强加在多层复合地板上，例如硬度够、稳定性佳、防虫等。不过，耐撞度与防虫蛀、稳定性、防潮力等特点，反而是跟底材多层板与表层漆料质量较有关系。

多层复合木地板最常见的纠纷，就是表材木种的名字"不代表"就是用该木种的木皮。也就是说，你看到商品的介绍卡上写着柚木，但根本不是柚木木皮，而是用杂木或木纹长得像柚木的木种，经由染色处理，让表面看起来像柚木的"颜色"。

这算是诈骗吗？没错，但就是没人制止，政府也不管，商人更是乐于这么做。像网友小雨说买到"紫檀木"多层复合木地板1平米150多元，这种地板就是"仿"紫檀木的颜色而已。根据木头达人的说法，市面上真正的檀木已经很少很少，少到你在市场上买到的几乎都不是真檀木；其他如柚木、桃花心木、花梨木，甚至橡木等，都有很多是杂木染色而成的。

那如何判别真假呢？很难，更不可能在看完这篇文章后，大家就有判断木种或染色板的能力。比较实际的做法，是在出货单上注明："采用××属的××实木皮制成的表材，若有不实要赔10倍原价予买方。[1]" 然后，请店家盖个公司印章。只要对方愿意这么做，即使我们发现被骗，还可求偿。

其实，多层复合木地板的表层实木皮的装饰性大于功能性，因为实木皮的厚度多为1~2mm厚而已（也有更薄的0.6mm，或较厚的2到3mm）。许多商家会把原木种的优点强加在多层复合地板上，例如硬度够、稳定性佳、防虫等。但是，薄薄一层只有1mm厚的木皮，跟10cm厚的原木是不同的。

根据某大学森林系教授的解释，实木皮的密度、硬度以及耐磨度的确仍可保有原木材的特色。不过，耐撞度、防虫蛀、稳定性与防潮力等特点，反而是跟底材多层板与表层的漆料质量较有关系。

---

❶：各木种的特性可上网查询。

木工工程

# 09

# 木工，你该注意的事

与瓦工、水电比起来，木工多是外露式的，因此最常引起争议。但得先跟大家讲个观念，只要是手工做的东西，是没有办法达到百分之百完美的，每条直线与横线都有一定的误差值。当然，大家对误差值的认定不一样。但基本上，门缝有误差是合理的，除非是门板关不起来，或关得起来但会卡到彼此，或者门缝上宽2mm下宽9mm，不用尺量都可看出严重的歪斜。碰到这些情况，就可要求木工师傅再来修补。不然，请把心放宽，不要用显微镜检查木工，这是对待木工应有的态度。

**提醒 1** 多层板承重力较佳

木板材常用于装修上的有多层板与细木工板两种。需承重的地方，如灯具、空调或电视柜后方，要加18mm厚多层板，会比细木工板好。但一般像画作等较轻的挂物，则细木工板也就够用了。细木工板也用在台面、层板、壁板、抽屉、大理石底座等地方。木板材上都会印上商检标记、商家名称、地址、制造日期与甲醛释放量为低甲醛E1或零甲醛的E0等级。

▲ 多层板是由薄片经高压压制而成，承重力较佳。

▲ 木板材上印上商检标记、商家名称与甲醛释放量 E1 或 E0 等级。

▲ 细木工板是最常见的木工工程材料，由小块的木头高压压制而成。

▲ 一般搁板也用细木工板来做。

**提醒 2** 木工做的门前后要贴4mm以上多层板

门的结构是四周用龙骨，前后贴多层板。一般用多层板来做，但也有师傅用细木工板；多层板较好，较不易变形。因为贴门的多层板都较薄，一般用4mm厚，但有些师傅会用3mm的。这种门在夫妻吵架时，一端就会破，不过，一般使用是没问题的。所以，若没有指定要用4mm"足"的，送到家里的板材可能就只有3mm厚。

另外，门板内会再加龙骨与支架，一般约30cm以内1支，也有师傅会省料少放几支，所以现场监工还是很重要的，不然，封板后什么都看不到。有的设计会再加隔音棉，但别期望太高，因为门下仍有空隙的话，隔音不会好到哪里去。

做门时还有个小地方要注意，就是门吸。有的施工队会"忘了"安装，门吸可以使门不会撞到墙上。

▲ 室内门是以龙骨为结构，前后贴板材，以多层板为佳。

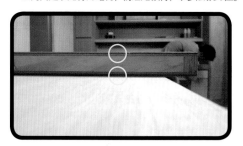

▲ 木工做的门上下会包 4mm 厚的多层板。

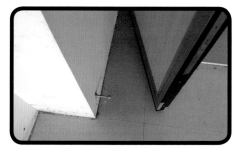

▲ 门后要加个门吸，才不会门一开就撞到墙。

▲ 现在室内门多是建材行已做好的现成品，再由木工师傅做表面的装饰板，最后由油漆师傅上漆。

## 提醒 3 门套要做好垂直线

加门套时最易出问题的地方，是垂直线没做好，门套装歪后，门会关不起来，或关上时会有点卡住的感觉。

旧门在拆除时，多少会敲破旁边的墙壁，因此装门套前，得先确定瓦工师傅把墙给补回来了。不过，大部分瓦工师傅只做到把墙补回来，并没有做到"把墙补直"，于是抓垂直线的工作就得靠木工师傅来做。

一般会在门套与墙壁之间塞一些小木片，之后再用贴皮去覆盖缝隙。记得在门套与墙壁之间，要再加玻璃胶。

▲ 门套的垂直线要抓好，不然，门会关不起来。

---

## 提醒 4 窗台木制卧榻易被漏水波及

临窗的卧榻也是很热门的设计，市场上没有统一称呼，也叫坐榻、坐台（没有美女陪的），就是窗下的平台。因深度够，里头可收纳，上头可坐可卧，所以曾有段日子，家家户户都设计卧榻，盛行的程度已经到了没卧榻就上不了杂志。

但因卧榻位于最易漏水的窗边，一旦漏水，木板材会发霉变形，所以我想现在应该有许多人在为家中的卧榻发愁。

卧榻等同于一个较深较矮的柜子，但要预防被漏水波及，在工法上有几种做法：一是做活动式卧榻，把卧榻切成几个60cm以下的盒子（长度可视需求而定），在盒子下装滚轮。好处是平常可移来移去，且若窗子漏水时，可以移开来维修。但缺点是，若内部有收纳，就会变得很重，不太好移，也不太适合懒惰的人；另外，合并时会有缝，有时会被夹到。

第二是仍做固定式，但在墙壁与卧榻间加层防水布。不过，师傅们说，若窗边漏水，水分仍是挡都挡不住的，侵蚀柜子，只是时间长短而已。所以，若

▲ 窗下的卧榻，可坐可卧可赏景，许多人都希望家里也有一个，但不是每户都有条件做。若窗子漏水，维修会很麻烦。

▲ 水泥墙在回补时，常未抓好垂直线，所以木工师傅会塞进小木片去修正角度。

▲ 门套与壁面之间，也要用玻璃胶补缝，之后再进行墙面油漆工程。

▸ 台面下常设计抽屉，增加收纳量。

你家的窗子年限已经很久远了，而你们也没打算换窗，漏水概率也比较高的话，最好舍弃卧榻设计，因为湿湿的柜体也容易犯虫，日后会很麻烦。

### ◀)) must know 你应该知道

## 木工省钱招，不做吊顶只加线条板

安全♦第一

若预算不够又希望家中有些装饰效果，可考虑不做木吊顶，只加线条板，如此就很好看了。当然，甚至连线条板都可以不加，线条也会很利落。在国外许多室内装修都没做吊顶，也没有加线条板，都很好看。不过，因为没做吊顶，灯具的管线变成要走在墙里，或走明管，这部分得跟水电与瓦工师傅一起讨论。

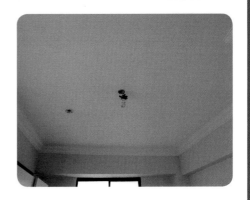

▸ 若觉得不做吊顶会太单调，可以加线条板，多个造型，但省下不少钱。

PART **G**

# 油漆工程

你可能会以为油漆不就是擦天花板与墙壁吗？实际上，木工工程做出来的衣柜、电视柜、室内门、地板等都得用油漆染色或上保护漆。所以，木工工程做得多，油漆包含的项目也会跟着多，当然，花费就同步提高了。因此，姥姥建议想省钱的人，尽量少做木工工程，这样后续的油漆工程就会减少。

point1. 油漆，不可不知的几件事

[ 提醒 1] 吊顶有接缝处，刮腻子前要先上粘胶

[ 提醒 2] 刮腻子至少 2 次，会较细致

[ 提醒 3] 木墙衔接处要特别处理

[ 提醒 4] 木柜门板底层也要上漆

point2. 容易发生的 2 大油漆问题

1. 最混乱! 喷漆保护工程不佳, 配电盘受污, 音响质量打折扣

2. 最惨白! 我可以不要白色吗?

point3. 油漆工程估价单范例

| 工程名称 | 单位 | 单价 | 数量 | 金额 | 备注 |
|---|---|---|---|---|---|
| 天花板 | 平方米 | | | | 接缝刮腻子 2 次，粘胶 + 防裂胶带 + 打磨刷漆 3 道<br>×× 乳胶漆 / 米白色 / 色号 |
| 窗帘盒及灯盒刮腻子刷漆 | 米 | | | | |
| 墙面 | 平方米 | | | | 接缝刮腻子 2 次，粘胶 + 防裂胶带 + 打磨喷漆 3 道<br>×× 水泥漆 / 蓝色 / 色号 |
| 新增门板喷漆 | 扇 | | | | |
| 客厅电视木皮主墙喷漆 | 米 | | | | 喷透明漆 |
| 全室柜子喷漆 | 米 | | | | 接缝刮腻子 2 次，粘胶 + 打磨喷漆 3 道<br>门板六面喷漆 |
| 衣柜门板面喷亚克力漆 | 米 | | | | |
| 木踢脚线喷漆处理 | 米 | | | | 接缝刮腻子 2 次，粘胶 + 打磨喷漆 2 道 |

# 油漆滴滴答，
# 家里到处都是漆

我很
后悔

## 最混乱！
## 喷漆保护工程不佳，
## 配电盘受污音响质量打折扣

苦主 1_ 台北贝沛海

| 事件 |

对玩音响的人而言，配电盘的电源接线质量是很重要的，但很多细节也是装修时不太懂，事后才发现问题。我家的配电盘就是个例子。装修时，因油漆工偷懒，没有包裹配电盘，害得配电盘被油漆喷得到处都是，当然之后水电工也没有将端子接合面的油漆磨掉，结果电线接触面杂质多，音响的声音变得不清楚，定位也不好，真是花钱找麻烦。

苦主 2_ 东莞 Peggy

| 事件 |

房子验收时，我们发现柜子上有许多白点，插座上也有一些，连地板上都有许多点点。问施工队长，他说没关系，清洁时用力搓一下就好了，结果我跪在地上搓了很久很久。

▲▼ 因油漆工未做好包裹，整个配电盘被喷得到处都是油漆。
图片提供_贝沛海

◀ 即使有贴保护胶带，还是有些漆掉在保护范围外。

油漆依刷涂方式不同，大概分两大类：刷漆与喷漆。喷漆的表面平滑精致度比刷漆好，且施工快、干得也快。但无论是哪一种做法，做好周边的保护是施工队应尽的"义务"。尤其是喷漆，因为雾状的漆会喷得到处都是。

理论上，我们花钱请人来装修，就是希望能换回一个好看的家，但若遇到不细心的施工队，他们通常会"附送"许多乱七八糟的"礼物"。像姥姥家里第一次装修时也是如此，油漆工没有做好保护工程，地板留有许多油漆的斑点或粘胶，因为怕得罪施工队会给你乱做，当初也是客客气气地问："那这些喷的残渣要如何处理？"施工队长只回一句："清洁时会弄掉的啦！"

当然，最后清洁时并没有干净多少，大部分还是我自己用塑胶汤匙（因为这种不会刮伤地板）再加抹布，跪在地上慢慢刮除的，心中当然一堆不高兴，但当时我很认命，觉得这就是自己没钱找施工队的必要之痛。

现在，我不这样认为了。大家一手交钱，一手交货。只要我在找施工队前，把所有要求提出来，你若愿意接，就要好好做，若觉得做不到，就不要接；如果没做到，我就不付钱，大家白纸黑字写清楚。

像油漆工程，做好保护是施工队应尽的"义务"，看到没？是义务！师傅可以把另做保护的费用加上，但请不要乱做后，叫我自己清。

嗯，理念的部分沟通完毕，讲回油漆的工法吧！

## 刷漆覆盖性高，适合深色墙

油漆依上漆方式不同，大概分两大类：刷漆与喷漆（也称刷涂或喷涂）。一般多是用刷漆，但近来采用喷漆的人变多了，喷漆的表面平滑精致度较刷漆好，不会有明显刷痕，且施工快，干得也快，不过有个大缺点，若日后掉漆，补漆时多半是用刷子补，会留下补的痕迹，且挺明显的。若很在乎这痕迹，也有的人会等掉更多漆后，再全部重新喷漆。若觉得麻烦，就还是选刷漆吧。

刷漆的厚度感比喷漆好，覆盖性也较好，但会看到明显刷痕。若原本的

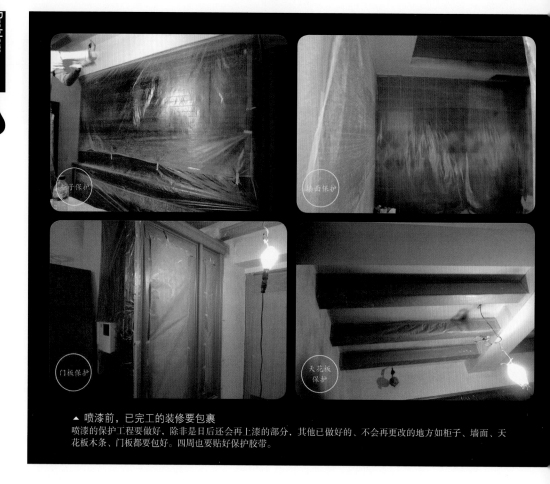

▲ 喷漆前，已完工的装修要包裹
喷漆的保护工程要做好，除非是日后还会再上漆的部分，其他已做好的、不会再更改的地方如柜子、墙面、天花板木条、门板都要包好。四周也要贴好保护胶带。

墙面是深色墙，还是用刷漆较佳。

费用上看设计公司而定，有的是刷漆较便宜，但也有的是刷漆与喷漆都是一个价。近年来流行斑驳的仿旧技法，在上漆后，再手工打磨出仿旧感，但因为工序多，这种仿旧做法的费用也会较高。

有时，你会发现为什么都是喷漆而两家价格差很多？可以多问一下，是喷几次，刮腻子几次。

油漆师傅的行话，刮腻子1次叫"1底"，刷涂1次叫"1面"。那到底油漆要刮几次腻子、刷几次漆呢？这跟问爱情是否会天长地久一样，没有固定的答案。

基本上，要看房子的情况、预算以及房主的要求。若是新房子，墙面状况不

▼ ▲ 喷漆的器具与施工现场
喷漆时漆会成雾状散开，会沾到旁边的一切。右图为喷漆的器具。

雾状喷漆

正确
工法

◀ 保护胶带宽版较佳
右边是常见的保护胶带，左边则是附有塑胶带的保护胶带，能保护的范围更大。

错，就可能只要1底2面即可，甚至1底都不需要，只要局部刮腻子就好；若是老房子、墙面不平或房主要求漆面效果要很平滑，则要2底2面，甚至2底3面。当然价格不太一样，所以估价单上可以写明，你希望你家是几底几面的。

油漆与瓦工施工都是最好在天气好的时候进行，气温至少要5℃以上，华北的冬季与华南的雨季都不适合上岗。给大家一个标准，若是水泥墙刷油漆，墙的含水率得在8%以下，刷水性漆则在10%以下，不然日后都易生壁癌或漆面剥落。

刷油漆前，理论上师傅们都会贴保护胶带，保护胶带有很多种，最好选宽一点的，或是有附塑胶带的，这样刷墙面时，地板获得的保护面积较大。还有要跟师傅讲："我不希望在瓷砖地上看到胶带的残胶。" 这句话很重要，要先讲，不然有的师傅会用很粘的胶带。

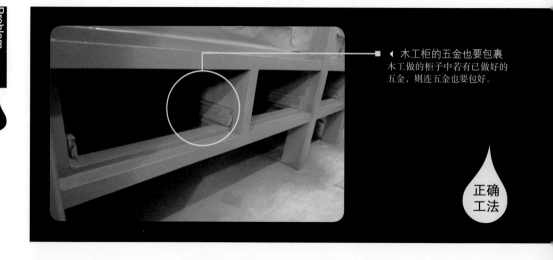

◀ 木工柜的五金也要包裹
木工做的柜子中若有已做好的
五金，则连五金也要包好。

正确
工法

Tips
血泪领悟 123
安全＋第一

① ▶ 喷漆的保护工程要做好，包括插座、家具、瓷砖、墙面、门板、配电箱等，都要包好。

② ▶ 一般油漆工程新房子是 1 底 2 面，老房子是 2 底 3 面。但仍视房子的情况而定。

## 喷漆得特别注意保护工程

选喷漆的人，则要特别注意"保护工程"。因为喷漆是雾状地将油漆喷洒在墙上或木柜上，漆会喷得到处都是，所以除非是之后还会再上漆的部分，如吊顶及墙面，可不必包裹；若是已不会再动到油漆工程的墙面、现成柜子、地面等处则都要包好。另外，插座、配电箱、开关与木柜中的五金等处也容易被忽略，都要统统包好。

至于喷漆与其他工程的排序，基本上，若是木地板工程，可等喷漆进行完再进场，以免地板被染到；瓷砖就没办法了，因瓦工施工队会先进场，所以进行油漆工程时，就要好好保护地板。

至于喷漆工程本身的顺序是先做木柜（如门板等），然后是吊顶，最后是墙面，但这个顺序也只是让保护工程可以少做一点。只要保护工程做得好，顺序也可变动，如先做墙面。

我会建议在施工前对施工队特别声明，若没做好保护工程而造成到处都是一点一点的油漆，"请你们自己清干净"，讲清楚的话，我觉得施工队施工时会更细心一点。

◀ 手工仿旧上漆价格较高
乡村风的柜子多强调仿旧感，
这是用手工磨出来的，当然，
这种工法的费用会比一般木
柜高。

 ▶ 喷漆表面较平滑，但日后补漆易
有痕迹，除非整面一起重喷，但这样
会较费工夫。

 ▶ 最好挑天气好的时候动工，雨季
或雪季时要避免开工上岗。

 must know
你应该知道

## 刮腻子后要用砂纸磨平

不管墙面或吊顶，刮腻子后，要用砂纸磨平，因为表面越平整，上漆后会越漂亮。刮腻子
的平整度就看师傅的功力了，很多时候在墙面或柜面上会发现油漆的凸起，一颗一颗的，
或有的地方有破口，多半是因为刮腻子没做好。

▲ 刮腻子完后用砂纸打磨，可让表面更平整。

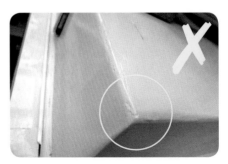

▲ 刮腻子若不平整，上漆后表面易凹凸不平。

# 居家用色，
# 你可以再大胆些！

我很
后悔

苦主 _ 北京小倩

## 最惨白！
## 我可以不要白色吗？

| 事件 |

我原本想在我家用点颜色的，但师傅跟我建议，还是擦白色好，若配色配不好会很难看，而且我真的也不知道用什么颜色好，所以最后还是听了他的话。但做完后，我就好后悔，白色看起来有点单调，也不温馨。所以 3 个月后，我又去买了些色漆，我觉得，还是上了颜色的空间好看。

这面墙在装修好后的第 3 个月，就从白色变成淡绿色。小倩觉得，虽然又花了一笔钱，但比原本全白的房间好看。

现场
直击

▶ 颜色让空间性格有所不同

色彩是非常主观的选择，应把决定权留给自己，而不同的色彩对于居家心情的影响颇大，是相当超值的建材。

与油漆师傅闲聊时，我跟他们抱怨很多人用色太保守的事，没想到他们竟跟我说，若遇到没什么主见的房主，他们一定都建议白色。为什么？因为成本啊！若很多房主全都用同一种漆，他们成本最低，这个装修没用完的漆，下一个还可以继续用。

小倩在跟我说她的"最后悔"时，我喝的柳橙汁差点喷出来。因为这代表她花了一笔钱给油漆工，然后又自己买了桶油漆，以不怎么专业的漆工，花一整个下午的时间重漆墙面。

姥姥因工作的关系，常常得看欧美日等国的家居设计，或去造访在台湾的外国朋友的家。我发现外国人的空间用色比我们大胆许多。也不是说完全没有白色的空间，但黄绿蓝粉的比率很高，甚至大红、大紫、深咖啡等色彩，他们也用得很开心；另外，也没有小空间不能用深色系的禁忌。我的网站收录了许多案例介绍，有兴趣者也欢迎来看一下。

与油漆师傅闲聊时，我跟他们抱怨很多人用色太保守的事，但没想到他们竟跟我说，若遇到没什么主见的房主，他们一定都建议白色。为什么？因为成本啊！

嗯，讲解一下。房主选择装修公司"全包"时，油漆的报价多半是连工

**小心买到假漆**

这是广州设计师嘉麟的经验谈。有次他请师傅刷A牌的油漆，哪个型号的颜色都已指定好。但后来刷上墙，竟然每道墙的白色都有点色差。气呼呼的他打电话给油漆公司投诉，还报上产品序号，对方跟他说："这序号是对的，但是您已是第20多位来问这序号的。"原来师傅不小心买到假货，油漆造假的仍很多，色差还是小事，主要是挥发性化学物的含量会超标，我们大人少活几年就算了，但小孩脑神经受损会变笨，这就麻烦了。所以若不是找大公司，漆料最好还是自己买，较保险。

▲ 油漆容易买到假货，要小心。

▼ 紫色
家居用色真的可以再大胆点。像照片中的客厅，用了粉
紫色后，空间变得更有个性。
图片提供__集集设计

▲ 灰色
灰色调能让人心情平静舒缓，很适合用在卧室。

血泪领悟 123

## Tips

**①** ▶ 空间的色彩可以更丰富点，不用只局限在白色，找出自己喜欢的色彩，就算是白色也可以，而不是让施工队帮你决定。

带料的，而漆又通常是由师傅准备。因此，若很多房主全都用同一种漆，他们成本最低，这个装修没用完的漆，下一个还可以继续用；但如果每一个房主都要自己的色彩，且每个色彩都不同，那一桶擦不完的下次也无法用，无形中，成本就高了，但给房主的报价却不会因换色漆而提高。

于是，在经济考虑下，当房主问师傅要用什么色时，他们会建议白色。师傅还说："白色也保险，有时你建议用某种颜色，房主一开始也接受，但后来涂上去不满意，就会要你免费帮忙改，等于白做工。"

不过，这篇文章要讨论的重点并不是用白色不好；不管你用什么颜色，白色或非白色都好，因为那都是一种选择。

▲ 黄色
单调的楼梯间，涂上鹅黄色后，就好像充满
阳光似的，温馨许多。
图片提供＿集集设计

▲ 另一种选择
在干湿分离的浴室，也可以用油漆代替瓷
砖，你会有全新的感受。

▶ 不要以为白色只有一种，其实还
有不同色差，记得要备漆，方便日后
补漆。

▶ 如果是使用某品牌的色漆，预留油
漆的色号也很重要。

我只是想通过小倩的经验跟大家说，**太相信专业到无主见的地步，不一定代表你会得到好结果**。有些事，我们可以自己做决定，若担心自己不会配色，也可以从设计师或施工队建议的色彩中做选择，而不是将最终决定权交给对方，这样就不易发生像小倩这样后悔的事，花钱请人刷漆后，还要自己再花钱买漆来二次施工。

不管是用白漆或非白漆，一定要请师傅留备漆。因为光白色也有几十种，如百合白、天空白、粉白等，每种都有点色差，若不留备漆，日后墙面有破要补漆时，是很难在卖场找到与自家一样的漆的，所以，记得跟师傅要备漆哦。

# 油漆，你该注意的事

在采访油漆工程时，好多师傅都说得一肚子辛酸。"房主选 1 底 2 面时，我们就提醒可能无法完全平整，他说没关系，要省钱；但验收时就说没漆好要重漆，之前说过的话都不认。"

"喷漆验收后，房主过一个月说发现有破损，说是没漆好。我们知道那是搬家具撞到的。拜托，你不过就想免费再喷一次，有必要这样诬赖我们吗？"

嗯，听他们讲时，我是脸红的，因为我也可能是那个反复无常、没办法对自己负责、就是要占人便宜的房主；我最后跟师傅建议，请房主签协议书，这样他就不能把责任往外推。但师傅们只是笑笑。我知道我的建议太不切实际，他们为了养家糊口，许多事也只能往肚里吞。

我能尽量介绍工法，但更多的事情，我也无解。我们只能期待，每个人都有点志气，虽然自己没钱，也不会去占别人的便宜。

以下，就是这些好心的师傅愿意与大家分享的工法与经验（你看，人家胸襟多大，都不计较之前的事）。

**提醒 1** 吊顶有接缝处，刮腻子前要先上粘胶贴胶带

天花板吊顶若有接缝，刮腻子前要先上粘胶。因为不管是用石膏板或细木工板，在板材与板材之间的接合处有缝，得先上胶封住此缝。上胶后等个一两天，等胶干了再贴防裂胶带，之后才刮腻子整平表面。线条板也是在衔接处要先上粘胶再来刮腻子。线条板难免有接缝，因为一面墙很长，用1~3片进行拼接是很正常的，但若装修完交付后仍看到衔接缝，则是不正常的，可请油漆师傅再重新上漆一次。

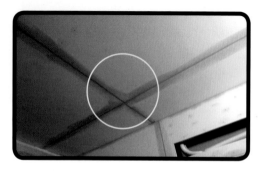

▶▲ 天花板吊顶刮腻子前，要先用粘胶粘合缝隙（图中绿色部分就是上了粘胶），之后再封防裂胶带。

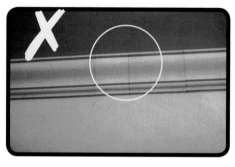

▲ 房子验收时，线条板不但可看到多处衔接，还可看到钉枪痕迹，这应是木工完工后，刮腻子没做好就上漆的结果。

**提醒2　刮腻子至少两次，会较细致**

油漆前的刮腻子要几次才好，得看现场状况。之前提到了，吊顶的板材不管是石膏板或细木工板、硅酸钙板板，各品牌的质量不同，会影响到刮腻子的难易。师傅建议，腻子内最好加白胶，粘合度更佳。原则上，较细致的工法至少都刮两次腻子。尤其是装造型灯者，因为灯光会直接打在吊顶上，若有不平整，会很明显。

▲ 有做灯带者，天花板最好刮腻子2次以上，因为灯光的关系，不平整处会变得更明显。

▲ 刮腻子两次的天花板顶棚，表面就平整多了。

**提醒3　木墙衔接处要特别处理**

木墙或天花板吊顶漆好后，不到半年就发生龟裂或掉漆的情形，这可能有几种原因：一是板材变形，尤其是两片板材的衔接面，会因地震而板材位移，造成表面油漆开裂。所以木墙或天花板在衔接处一定要上粘胶，可减少漆裂概率。

二是受潮，可能是墙内漏水。三是未铲除旧漆造成的，有的师傅会直接上新漆，但若旧木材表面未打磨，旧漆的附着力已变差，新漆再漆上去，漆面变厚，反而更容易掉漆。

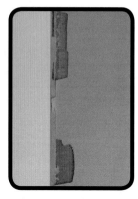

▲ 漆面在木墙衔接处很容易裂开。记得先上粘胶，并将木板表面打磨，可增加油漆的附着力。

**提醒4　木柜门板底层也要上漆**

木柜上漆时，要注意门板是否六面都有上。之前就有案例，油漆师傅在看不到的底层没上漆。有的柜子是用染剂去染色，完成后再加喷一道透明漆来保护表面。

▲ 柜子门板要拆下来喷漆，六面都要上漆。

# 第 3 章

装修保命符 ▶
抓预算+拟合同

# 老房子花在基础工程，新房子花在通风采光与格局

当我在网络上为某系列文章命名为"如何与葛优砍价"后，很多施工队或设计师惊叫，"什么，你要教砍价？有没搞错。"都希望能跳过此章节。但是，蒙着眼睛不代表事情就没有发生，我觉得回避只会让市场状况更加恶化。许多房主都有"看到报价单要打8折"的直觉式反应，真的，与其放任我们自己乱砍价或者奸商乱喊价来引诱我们，不如我们首先正视这个问题。

在跟大家谈如何讨价还价之前，我们必须先了解自己作战的大方向，也就是到底要把钱花在硬件装修还是软件布置上，尤其是当你钱不够的时候。

先讲好，装修预算怎么分配，在此提出的是个人浅见，并不是问了一堆人后得出的结果。目前大部分的设计师或媒体，是教人花钱在装修上，家具再慢慢买。但我的看法有点不一样。

预算怎么分配，得先看是老房子还是新房子。

### 新房子——钱要花在格局、动线、通风与采光上

建议先把钱用在改格局、动线、通风和采光上。我知道许多人会说：要省钱的话，不要动格局。但是，我见过用一百多万装修的家却热得要死，不开空调住不下去；不然，就是像我自己的家，第一次装修时的动线不佳，一直在家里绕来绕去，真的很痛苦。

相信我，房子只要有好的采光与通风，好的动线，就算室内什么装修都没有，你还是会住得很舒服。

通风采光方面，只需要花钱做拆除、水电与瓦工（有的因采光通风已经很好了，也可能完全不需要花钱），剩下来的钱，将一半以上留给家具、饰品。有人可能以为姥姥写错了，是给装修吧？不是的，其实很多你们心向往之的居家照片，都是靠家具与一堆（一定要有一堆哦）摆饰营造出来的温馨感。

我采访过上百个案例，许多设计师在安排拍照时，会带一卡车的东西去"布置"。为什么要布置？就是因为空间要有氛围，绝对是依靠家具摆饰摆出来的，而不是靠装修。

所以，把一半以上的预算给家具与饰品是必要的。

家具与摆饰才是空间的主角，也是与我们真正有互动的东西，要多拨点预算给它们。

图片提供＿集集设计

我知道很多书（包括我个人）告诉大家：没钱时，慢慢买家具就好。但我与那么多房主聊过后，非常清楚，很多人是一辈子就只有在买新家时，才会忽然对家具有狂热症，歇斯底里一阵子后，就变成一刀两断的拒绝往来户。如果你也是这样，那还是一次就买得差不多吧，剩两成日后再慢慢添购即可。

## 老房子——钱要花在基础工程，强健家的体质

老房子比较复杂，以前10年房龄叫老房子，但现在有的15年的房子也还很不错，完全看地产商的道德在何种层次。所以，多少年的房子算老房子，真的要视情况而定，但25年以上的还是全换了再说。

老房子就优先把钱放在基础工程，基础不包括木工美化工程哦，基础是拆除、改格局、改通风采光、换水电、安铝门窗、装空调、换卫生间与厨房，也就是钱多半是花在看不到的地方就对了。地板我是建议要换的还是换，因为这种工程需要清空室内，若你搬进来后再重改，一堆家具还要再搬出去，伤神费时，不如就在装修时，一次搞定。

该换的都换了后，若还有钱，再来做木工美化工程或买好的家具；若没钱了，就要以时间来换取空间，先用比较不好的家具撑一下，等我们有钱了，再来换家具。

若钱不够，吊顶可不做，电视柜可不做，间接灯光可不做，不必要的隔间墙不做，没有遮光与遮隐私的窗帘都可不做。当我们没钱时，就要承认买不起宝马，而要在丰田与日产间做选择。

拿车做比喻大家比较明了，若车厂让你用丰田的价格买到宝马，还是全新款，我想小学毕业的都能知道里头有问题。同样的，老房子翻修就是要花比较多的钱，100平米的房子若想找设计师设计，全屋水电到卫浴厨房地板全换新，再加木工美化、安装空调与家具，没有个20万很难达到。但如果施工队跟你说，10万可以搞定，你认为里头质量会不会有问题？

好，大方向找出来后，下篇我们进入实战篇——怎么比价。

POINT

# 02 最便宜、中间的、最贵的都不对

在讲比价原则前，还是得有个观念，感觉上，好像是我们拿着报价单去比价，但还要看你想找怎样的设计师。我跟各位讲，有的设计师或施工队根本轮不到我们比价，你要比价，他们连价都不愿报；所以若遇到这种设计师，是我们去求人家，若他不想接，我们连要让人家赚的机会都没有，更别谈比价了。

不过，这种境界的设计师或施工队都不是我们没钱的普通人能遇到的，所以，还是来看看怎么比价好了。

比价有个至高无上的心法，大家可以跟着念一遍："合理的利润要给人家赚！" 真的，你让别人赚合理的利润对你自己也好，师傅们不会偷工或减料。但若他们还是偷工又减料怎么办？放心，只要好好签合同与写报价单，就算发生了事情，也能讨回公道。

〔原则一〕**最便宜的，而且比一般的便宜很多的，要当心**
在网络论坛上，可以看到许多苦主都是一开始选了最便宜的，接着就被一路追加的预算逼到快发疯。像有个案例是2万元接单，最后被追加到20万了，还没装修好。

现在真的有许多诈骗集团混在设计师里，先用超低价引诱你，然后再来追加预算。装修工程一旦动工，就像女儿被绑架，你若不肯追加，这些烂人就只做一半的天花板，一半的地板，半恐吓地说要罢工，而你看在房子的份上，就会一直妥协。等到真的妥协不了，对方停工，你要再找施工队也很麻烦，也可能会找不到施工队愿意接手，最后只有人财两失。

所以，若你找3家估价，有一家比别的家都便宜三成以上，20万的工程只估12万，这种情况可能就有问题，要慎防。

〔原则二〕**便宜不一定不好，贵的也不代表就一定好**
下面是我朋友的实例，他家水电工程，设计师报4万，他实在没办法付，就找了附近的水电师傅，结果那边3万就接了，原也担心会有质量问题，但后来都没出问题，可

比价最多只能比建材，但设计美感是无法比较的。

见便宜也不一定不好。

另一个是新闻案例，花了20万元装修，最后吊顶还被装了黑心的石膏板，所以贵的也不一定就没问题。

那原则二不是就又与原则一抵触吗？哇，真是聪明的读者。没错，原则一与原则二是冲突的，因为，现在装修市场真的很乱，比价很难有个准则。所以最重要的是下一条法则。

〔原则三〕**不能照总价打8折，要列出建材与工法，一项一项来看**
许多人（包括早年不懂事的我自己）都是这样在杀价，这是乱杀。这种杀价方法就别怪师傅偷工减料，因为师傅也要吃饭喝水，也要养房子养小孩，没有利润怎么活下去。

而人为了活下去，就只好硬着头皮接单，然后稍稍地偷工减料，最后惨的人是谁？当然是房主。但这能完全怪对方吗？我觉得乱杀价的人也要负点责任吧！

对，你可以说他可以不接啊，但这世上，不是每个人都活得很容易，若是的话，你自己现在就不会再乱杀价了。

而且这种杀价法还会造成恶性循环。施工队也直觉认为房主会砍价，在报价时，就把价格先抬高个三成让你砍。于是，房主不信任施工队，施工队也不信任房主，好了，再重复我讲的话：两个最没钱的族群就这样互相厮杀，最后谁都没有好处。

为什么大家不好好来看待这个问题？让我们来慢慢把一些制度建立起来。设计师与施工队别怕，因为价格越是透明，越能让好的设计师与施工队出头，因为好的工法与设计，本来就应得到更好的收入与社会地位。君不见某些知名中医，看一次就要1000元，门口还是大排长龙。

那若不能打8折，要如何比价呢？答案是要把建材规格与工法都列出来，一项一项来看。关于怎么列和怎么写，下一部分我们来谈谈。

# POINT 03 列出建材与工法，分开计价一项项比

我们来续谈如何"一项一项比"。首先，建材品牌、尺寸规格与工法一定要写。报价单上很多项目都只写"总价"，其他都没写。这种写法，会让你无法知道施工队到底会怎么做，日后容易有纠纷。而且把规格列出来后，就不太容易被骗，也很好比价了！因为那些能以超低价抢单的设计师，通常就是偷工减料偷出来的。

姥姥拿个朋友的例子给大家参考。她家是100平米老公寓全室换水管，A家估2万，B家估8千，怎么同一空间差那么多。水管的规格不同外，B家没有主干要粗分支要细的差异尺寸。后来朋友选了B家，水管工程就出问题了。

再来看一个油漆的例子。90平方米老公寓全室油漆，A家估8千，B家估4千。两者一比就发现，上漆的道数不同，油漆的等级也不同，但后来问B家若等同A家的规格，B开价7千元。朋友就选了B家来做，最后质量也很好。

以上两个案例让我们学到了什么？对，比价原则第二条：便宜不一定不好，贵的也不代表就一定好。

嗯，只讲观念也没用，我们实际点，来看怎么写。先来看个最容易有纠纷的版本（见下表），看到没？除了单位、数量与总价外，用了什么料都没写，吊顶用几毫米厚的石膏板、木柜用什么品牌的板材，都没注明。只要你在报价单上签了名，日后若有纠纷就不一定能赢。

| 厂牌／品名 | 编号 | 规格 | 单位 | 数量 | 单价 | 合计 | 备注 |
|---|---|---|---|---|---|---|---|
| 木工工程 | | | | | | | |
| 客厅、餐厅吊顶 | | | 平方米 | 9 | 250 | | |
| 房间吊顶 | | | 平方米 | 7 | 250 | | |
| 厨房吊顶 | | | 平方米 | 2 | 250 | | |
| 电视墙 | | | 米 | 7 | 1000 | | |
| 电视高柜 | | | 米 | 4 | 2000 | | |

▲ 没标明建材细项与等级的报价单（此为台湾版本单价）

## 报价单，写清楚点好！

以下是我自己已拟的改良版报价单，参考了几位网友与自家的报价单版本。报价单中要注明各项要写的重点，包括建材种类与工法。以拆除、水电、瓦工的部分为例（见下表），重点在右栏，也是报价单精华之所在。

拆除+水电+瓦工报价单

| 工程名称 | 单位 | 单价 | 数量 | 金额 | 备注 |
|---|---|---|---|---|---|
| **拆除工程** | | | | | |
| 原有砖墙拆除 | Ⓐ平方米或式 | | Ⓑ平方米 | | Ⓒ卧室隔间墙整面拆<br>厨房墙局部拆<br>Ⓓ不得拆到结构承重墙 |
| 全室瓷砖拆除 | 平方米 | | | | Ⓔ地砖拆除含剔除旧水泥到见底<br>含前后阳台、厨房墙面、地面瓷砖 |
| 卫浴墙、地面瓷砖拆除 | 平方米 | | | | 地砖拆除含剔除旧水泥见底<br>Ⓕ不得拆破排粪管 |
| 全室旧有门窗拆除 | Ⓖ处或式 | | | | 大门、室内门、全室窗，连门套窗框都要拆<br>Ⓗ保留后阳台门<br>Ⓘ窗框拆除时要连内角水泥层一起剔除 |
| 保护工程 | 式 | | | | 地面几平米，柜体与厨具或卫浴设备保护<br>Ⓙ要铺2层保护层，含瓦楞板及3mm胶合板 |
| **水电工程** | | | | | |
| 新增专用回路 | 回 | | | | Ⓚ含空调3回、厨房3回、卫生间2回等<br>Ⓛ漏电专用回路，要用漏电断路器 |
| 全室电线更新 | 式 | | | | Ⓜ220V用××牌电线 |
| **瓦工工程** | | | | | |
| 客厅地砖材料费 | 平方米 | | | | Ⓝ60×60cm/意大利制/××建材经销/普罗旺斯系列红色 |

报价单说明

ⒶⒼ 单位：尽量不要写一式，但有时没有单位，且区域范围清楚者，像阳台拆除铁窗，就写一式，也是可以的。

Ⓑ 数量：也要再检查一下，有些不良设计师会灌水。但地板用料会比你家实际大小多5%，当废料或备料来计算，是合理的。

ⒸⓀ 范围：客厅、卧室或厨房要注明，以免记忆不好的施工队漏了做。

ⒹⒻⒽ 例外事件：哪些不要拆或不要动的，可特别提醒，如结构墙、排粪管等。

ⒺⒾⒿⓁ 工法：希望怎么做，比如拆地板时，如果是铺抛光砖，要注明剔除旧水泥到底；保护工程要铺两层，要用多层板等。

ⓂⓃ 建材：凡建材都要指明品牌与规格，如电线指明用 ×× 品牌，以及用2.5实心线；瓷砖的规格则要写明尺寸、产地、系列、名称，如60×60cm/意大利制/××建材经销/普罗旺斯系列。除了写品牌与规格，最好后方还附样本或照片，尤其是布料、墙纸。写得清楚，这样就不易被掉包。若真的被掉包了，拿这张报价单去打官司，保证能赢！

当然，我不是鼓励大家上法院，那的确很麻烦，主要是这样写，设计师或施工队会知道"你要的是什么"，就会好好做，不敢乱来。

# POINT 04 看懂报价单，教你打对算盘

姥姥很欣赏某位室内设计总监，她说："我都叫客人去比价，我跟你讲，不比价的客人反而之后容易嫌东嫌西，心里不踏实；比过价还会回头找我们的，合作过程就非常愉快，因为他们能懂我们好在哪里。"

能有这种自信与胸襟，我觉得她也是设计界的异类。

真的，设计师们要有自信，不要怕被比，也不要指责房主比价，因为货比三家本来就是正常人类的天性，像沃尔玛、家乐福、华润万家等超市，就常被比价，但也没哪一家被比倒了。

大家最常比价的就是找设计公司或直接找施工队。虽然二者水平不同，但也无妨，我老家装修时，也是两种一起比。嗯，来看一下我的实战比价结果。

花半年的时间好好装修自己的家，换来一辈子的舒适，是非常值得的。
图片提供＿集集设计

# 实战比价2大总结

## 总结1——设计师报价高，不一定全都贵

设计师虽然总价高约15%，但也不是全都贵，有的工法计价反比施工队报价便宜。

为什么？我想是施工队报价时，很多是大概算的费用，这是他们的习惯，有的师傅对工程项目无法写这么细，也觉得烦。所以有的多算点，有的少算点，以长补短。同样，设计师报价时，也会以长补短，因为工程的东西很难掌握，总有当初未估到价的地方，又不好一直追价，所以有的贵点有的便宜点。

现在有些设计师为了接生意，是"不算设计费"的，因为很多房主无法接受设计费这项费用；为了接到生意，设计师只好不收费。不过，羊毛终究出在羊身上，设计师还是要生存，没给设计费怎么活？所以只好把每项工程费加个3成（看各设计师，也有加1到2成的）。你看，若付设计费，计价是10%，但不付的结果，却多给了30%，而且你还会跟对方说谢谢。

不过，正因为装修市场没有价格透明化，也没有像医生或律师或发型师，有个定价规则，所以，也有的设计师在收了设计费后，还会在工程费中再加2到3成，这种人也是有的。

像老家的案例，设计师已另收设计费，在工程报价上，多数项目还都比施工队报价贵，如配电箱全换新，施工队报1000元，设计师报3000元，但换的是同样的东西，只能说，两者的工法"可能"不同，设计师的施工队可能会做细致点，所以较贵。像这种情况就要弄清楚是什么工法，才能来砍价。

但有时，我们毕竟对工法没那么熟，我的建议是**选择一个你最相信且有售后服务的设计师，就算价格差个1成，就当是买保险**。我看过太多人因低价而动心，最后弄得得不偿失，找个安心的，虽然贵，但可省下烦心的时间。

我个人也觉得装修的服务质量比工法重要，因为装修工程变量多，很难没有一点小问题，所以，能够免费帮你修改到好是很重要的。好服务的成本高，当然，也可能费用会较高。

回家最吸引人的一点，是一
种确定感。确定有一扇可以
远眺群山的窗，确定有一方
可以完全独占的角落。
　　　——香港作家欧阳应霁

### 总结2——设计师总价高，另一理由是加了许多其他设计

前头说过了，我老家同一个空间的装修改造，我只把估价单部分贴出来，最后总价设计师总体报价比施工队多了70%，若不算设计监工费，纯工程费是多50%。

但是设计师的版本与施工队的在施工项目上并不相同。因为设计师自己又加了许多工程进去，例如：电视木墙的装饰工程、造型吊顶加间接灯光、卫生间隐形门、玄关墙等，这些都是木工工程，多做一个间接灯光吊顶，不是只多天花板吊顶的钱，后续的油漆、灯具、开关、电线等相关的费用都会跟着来。如果把这些多的项目拿掉，就只比施工队版本多20%。

所以想省钱的人，要仔细看报价单，可以跟设计师沟通你不要做什么。但我也得跟大家说，就算开出同样的规格，**仍有的设计师会比较贵，请不要就此就说对方黑心，因为设计师也有分等级**，不是贵的就是黑心。我举个例子好了，你去五星级酒店点菜脯蛋，一盘要100元，但在小吃店一盘只要18元，还更大盘，但你能说酒店黑心吗？不行嘛，为什么？因为他炒得好吃，店面装修得好。当然，若你觉得小吃店的也不难吃，就代表这家店的性价比很高。

所以，若设计师真的觉得自己的施工队很好很强，就可在工资的部分提高费用，这就代表这家设计公司是五星级酒店而不是路边摊。

不过，从房主的角度来看，报价单只能看出建材的使用规格与工资，无法看出工法的好坏，那么工法的价格如何评估？很难！除非房主看得懂施工照，但大部分人都看不懂。当然，你可以打听口碑，但我个人觉得还是把报价单的规格写好、把合同签好，这仍是给自己的最大保障。对了，还有一个，把这本书拿给对方看，指明不要发生里头写的"后悔"事件，这也能多出很多保障。

# 掌握5大要点签合同，守住你的家，你的钱

常有网友要姥姥推荐设计师或施工队，问我是否可把家安心地交给他们。我先要谢谢网友，在提问的同时，我能感受到你们对我的信任。

**但真的很抱歉，我无法给你们什么保证。凡事只要牵扯到人，就没有什么天荒地老的保证。**

我给大家的建议只有两点：

一、选售后服务好的设计师或施工队。
为什么服务态度比工法重要？因为装修过程要注意的细节实在太多，很难百分之百完美，找到服务好的，他会负责把你家修到好为止。

二、签个合同，注明你在乎的事。
很多人有个迷思，以为签约就好像不信任对方，甚至觉得不好意思签约。错了，**签约反而是种尊重，是种沟通**。我们不是真的想上法院，但有了这纸合同，房主与施工者才会"清楚"知道对方在想什么、注重什么。

## 拿到合同时，你该注意的事

但拿到合同时，还有没有要注意的事？有的，姥姥去跟谢天仁律师请教，他也教给大家不少招数。

**要点1　要附图样与报价单：**谢天仁律师特别提醒，图样是很重要的。一定要附设计相关图样与报价单，包括平面图、立面图等①，然后把尺寸、样式、工法、建材及任何你在乎的事，记录在图样或报价单上。若你是跟施工队签约，对方不会画图，你也可以自己画个简图，记得一定要画。

有图样与报价单，日后才有依据。不然，只在口头上承诺，没有文字或图样的合同，若有纠纷，房主与设计师各说各话，法官也很难断定谁是谁非。

**要点2　追加预算或变更设计要经书面签字同意，才能动工：**追加预算，是装修中常见的事。套用某设计师的话："装修，是种期货商品，卖的是未来。"既然是期货商品，自然变量多，许多问题都是"当未来变成现在"时才会发现的。

如拆掉踢脚线后发现有蛀虫，或者拆掉木墙后，发现墙壁漏水、到处都是壁癌，这时就要追加预算来解决问题。

以上追加预算的理由都算合理，比较可怕的是以下的追加行为。

第一种就是原本就打算来勒索的。他们会先用超低的报价引诱你，然后一路追加工程，甚至你还在考虑要不要加时，他们就已经把柜子做起来了，然后要你付钱；第二种是狮子大开口。尤其是发现漏水时，会趁机乱报价格。

这时，若条约中注明追加的装修项目要"书面签字同意"，房主就很有保障啦，因为只要你没有书面签字，对方硬做的都不算。甚至像漏水，你也可以转包给第三者，不必任人宰割。

**要点3　尾款可多留点**：钱要分期付，对自己才有保障。装修费每一期要付多少比例，看你和设计师之间的协商。一般尾款都是留10%，但这种情况常常会闹纠纷，因为很多不良设计师或施工队会落跑不理你，所以若没有其他保障，最好能争取到20%。不过，这也是看谁求谁，若你死心塌地要找的设计师就是定10%，你也得接受！

另外，要注明"验收通过"才付款，不然对方只要完工就可要求付尾款，还有什么质量可言（但有这条款的，尾款就最多10%了）。这时之前在图样与报价单上写的建材规格、工法及任何你在乎的事，就可以拿出来当验收标准了。

**要点4　防公司倒闭条款**：常会听到设计公司落跑或宣布破产，受害的房主什么都拿不到。若你担心会遇到这样的设计公司，谢天仁律师建议，可把设计师个人列为保证人，即使公司倒了，还可以向设计师个人求偿。要小心的是，记得核对姓名与身份证，因为也曾发生过乱写的案例。

**要点5　要定工期、保修期与罚款**：定出开工与完工日，以及何种状况可延期，保修期现行多为1年。这些条款可以预防施工队去接别人的工作，延误工程或落跑。记得列出延期的罚款金额，如工程款项的千分之一等。

好啦，254页的书看完了，很累吧！装修的确是很累人的事，但付出一定有所回报。祝大家装修顺顺利利，与家人，与施工队，与设计师都有更美好的交流。

---

❶：设计施工图样可包括现场丈量图、平面家具配置图、立面施工图、水电空调管线配置图、电源开关图、灯具配置图、厨具图、卫浴图、吊顶图、地板图、建材图样与样本等，以上图样须标示尺寸比例尺。

# 出版后记

装修，应该是一件幸福的事。用几个月的时间，悉心挑选材质和家具，将一间空屋打造成心中的理想型，以期在未来数年甚至数十年的朝夕相处中，住得舒心。然而遗憾的是，现实往往事与愿违，快乐常常与痛苦同在。相信不少人在生活中，常会遇到或是听说五花八门的装修惨案：水管滴水，时常跳闸，墙皮剥落，地板裂开或起鼓，卫生间积水要手动刮……虽然没有严重到屋倒房塌，但这些小小的不完美天天都在烦恼着我们。

如今年轻人买房本来就是预算有限，谁愿意因为不懂行而被人忽悠，劳民伤财后，再从血泪中领悟"当初这样做就好了"呢？出于这样的心情，本书作者姥姥大人（不要怕，这是天山童姥的昵称），根据自己多年在家装领域摸爬滚打的经验，总结出装修过程中常见的让人抓狂和后悔不已的施工错误，汇集成手中这本书，一步步教会你家居装修的基本工法，让你开工不被坑，施工做对事，监工有技巧，付出合理的成本，打造自己想要的家。

数月前本书在编校中，作者姥姥大人致信坚持要重新改过，将后悔案例和装修工法换成大陆实例，否则"无颜"面对大陆读者。在持续数月的"本土化"进程中，我们的确遇到很多头疼的地方。最初台湾版涉及的一些工法和案例，放置于大陆这样天南海北差异巨大的地方就变得不合时宜。比如南方冬天没有暖气要装地暖或暖风机，北方温差大铺地板要留缝隙。对此我们重新推敲了每一个装修步骤，在各大论坛收集大量的大陆版装修案例，全面更换了实拍照片与详细工法介绍，一步步细致讲解家装的各个施工环节。另外，有的建材各地叫法不同，为了让各地读者都能看得懂，作者姥姥和各位热心设计师与网友一一对照，总结出一份"两岸建材名词对照表"，为台湾家装类书籍融入大陆市场贡献良多。一切努力，都是为了让读者看到最清晰易读、最接地气的家装指南。

本书简体修订版得以出版，得到了众多大陆网友与设计师的热心帮助。感谢他们勇敢地分享出自己的惨烈教训，为读者们提供诸多"前车之鉴"，望大家在未来能够幸免于难。也感谢法国施耐德电气、广东联塑科技等厂商，为我们提供了标准的材料照片。感谢台湾原点出版社的支持与配合。在此向各位致以最真诚的感谢。

最后，祝愿读者们在跟随本书的一步步实践中，能省钱、省心地进行装修，不必吃后悔药，拒绝当冤大头，打造出不只是好看，而且好住的温馨的家。

服务热线：139-1140-1220　188-1142-1266
服务信箱：reader@hinabook.com

后浪出版公司
2014年3月

**图书在版编目（CIP）数据**

这样装修不后悔：百笔血泪经验告诉你的装修早知道 / 姥姥著 .
— 北京：北京联合出版公司，2013.11（2024.5 重印）
ISBN 978-7-5502-2270-0

Ⅰ . ①这… Ⅱ . ①姥… Ⅲ . ①住宅－室内装修－经验 Ⅳ . ① TU767

中国版本图书馆 CIP 数据核字（2013）第 272380 号

这样装潢，不后悔 © 2012 姥姥中文简体字版 © 2014 后浪出版咨询（北京）有限责任公司由大雁文化事业股份有限公司原点出版事业部 独家授权出版

这样装修不后悔：百笔血泪经验告诉你的装修早知道

著　　者：姥　姥
出 品 人：赵红仕
选题策划：后浪出版公司
出版统筹：吴兴元
特约编辑：郝　佳
责任编辑：王　巍
版面设计：闫献龙
营销推广：ONEBOOK
装帧制造：墨白空间

----------------------------------------------------------------

北京联合出版公司出版
（北京市西城区德外大街 83 号楼 9 层　100088）
天津裕同印刷有限公司　新华书店经销
字数 220 千字　720 毫米 ×1030 毫米　1/16　16.25 印张
2014 年 5 月第 1 版　2024 年 5 月第 25 次印刷
ISBN 978-7-5502-2270-0

定价：60. 00 元

----------------------------------------------------------------